博士文库

数据流上频繁模式和高效用模式挖掘

Frequent Pattern & High Utility Pattern
Mining Over Data Streams

王 乐◎著

知识产权出版社
全国百佳图书出版单位

图书在版编目(CIP)数据

数据流上频繁模式和高效用模式挖掘 / 王乐著. —北京：
知识产权出版社, 2014.9

ISBN 978-7-5130-2982-7

Ⅰ.①数…　Ⅱ.①王…　Ⅲ.①数据采集　Ⅳ.①TP274

中国版本图书馆CIP数据核字(2014)第209812号

内容提要

本书以数据流上的频繁模式和高效用模式挖掘计算为背景，介绍该领域相关的概念、理论及近年来相关的最新研究成果，内容包括传统数据集中的频繁模式挖掘及其大数据集下的频繁模式挖掘算法、不确定数据流中的频繁模式挖掘算法、具有效用值的数据流中的高效用模式挖掘算法。

本书可作为经济学、统计学、管理科学与工程、计算机科学与技术等学科高年级的本科生和研究生的参考用书，也可供商务数据挖掘、金融数据分析等相关研究人员参考。

责任编辑：吴晓涛　　　　**责任出版：**谷　洋

数据流上频繁模式和高效用模式挖掘
SHUJULIU SHANG PINFAN MOSHI HE GAOXIAOYONG MOSHI WAJUE
王乐　著

出版发行：知识产权出版社有限责任公司		**网　　址：**http://www.ipph.cn	
电　　话：010-82004826		http://www.laichushu.com	
社　　址：北京市海淀区马甸南村1号		**邮　　编：**100088	
责编电话：010-82000860转8533		**责编邮箱：**sherrywt@126.com	
发行电话：010-82000860转8101/8029		**发行传真：**010-82000893/82003279	
印　　刷：北京中献拓方科技发展有限公司		**经　　销：**各大网上书店、新华书店及相关专业书店	
开　　本：720mm×1000mm　1/16		**印　　张：**9.5	
版　　次：2014年9月第1版		**印　　次：**2014年9月第1次印刷	
字　　数：150千字		**定　　价：**28.00元	

ISBN 978-7-5130-2982-7

前　言

数据和信息正以前所未有的速度增长。正如 Kevin Kelly 在著名的 *What Technology Wants* 里面提到的那样，人类几百万年的基因变异，平均速度大约是每年 1bit；而现在信息社会每年新增的信息量为 400 艾（exa，IE=10^{18}），即人类 1s 内处理数据的总量，等于我们的 DNA 用 10 亿年处理的数据量。在这样的滔天数据洪流面前，如何及时地对已产生的数据进行挖掘和分析，从中提取我们关心的、与企业产能和效益有密切关系的潜在信息，是信息时代的企业需要特别关注的问题；其中一个重要的方面，就是对关联关系（频繁模式）和高效用模式的挖掘。

由于数据流具有海量性、实时性和动态变化性的特点，这就要求数据流上的挖掘算法有较高的时空效率。尽管数据流上模式挖掘技术取得了一定的进展，但是挖掘算法的时空效率仍然是当前数据挖掘领域中的研究焦点之一。

本书以数据流上的频繁模式和高效用模式挖掘计算为背景，介绍该领域相关的概念、理论及近年来相关的最新研究成果，内容包括传统数据集中的频繁模式挖掘及其大数据集下的频繁模式挖掘算法、不确定数据流中的频繁模式挖掘算法、具有效用值的数据流中的高效用模式挖掘算法，以及包含相应静态数据集中的挖掘算法。全书共分为五章：第 1 章首先对已有的频繁模式和高效用模式挖掘算法进行了回顾，详细地介绍了算法 Apriori 和 FP-Growth 等；第 2 章探讨传统的动态数据中的频繁模式挖掘算法；第 3 章首先探讨不确定静态数据上的频繁模式挖掘算法，然后探讨了不确定数据流中的频繁模式挖掘算法；第 4 章探讨静态数据集上的高效用模式挖掘算法，然后基于静态数据集上的挖掘算法，介绍数据流中的高效用模式挖掘算法；第 5 章以传统数据集为例，介绍了 MapReduce 框架下的频繁模式挖掘算法。各章内容相对独立又相互联系，较为系统地阐述了数据流中几种模式挖掘算法的研究现状。

本书主要内容为作者在攻读博士学位期间的研究成果，其中部分工作得到国家自然科学基金项目"大数据环境下高维数据流挖掘算法及应用研究"（61370200）、宁波市自然科学基金项目"面向大数据的高频金融时间序列高效用时态频繁模式挖掘研究"（2013A610115）和"多重不确定数据流上模式挖掘的建模及算法研究"（2014A610073）等项目的支持，并得到宁波大红鹰学院优秀博士计划资助。书稿的撰写过程中，大连理工大学的冯林教授、杨元生教授、金博博士等老师给予了大力支持和热心指导，同时也得到姚远、刘胜蓝、张晶、姜玫、吴明飞、王辉兵、蔡磊等同学的关心和合作，在此一并感谢！

作者

2014年7月于宁波大红鹰学院

主要符号表

符　号	含　义	单　位
t	事务	
$minSup$	最小支持度	%
$minSN$	最小支持数	
$minExpSup$	最小期望支持度	%
$minExpSN$	最小期望支持数	
$minUT$	最小效用阈值	%
$minUti$	最小效用值	
w	窗口宽度	批
p	每批数据中事务项集个数	个

目　录

第1章　绪　论 ···001

1.1 背景和意义 ···001

1.2 国内外研究现状 ···002

　1.2.1 传统数据集中频繁模式挖掘算法的研究 ·················002

　1.2.2 不确定数据集中的频繁模式挖掘算法的研究 ·············006

　1.2.3 高效用项集挖掘算法的研究 ···························011

　1.2.4 大数据集下的频繁模式挖掘研究 ·······················017

第2章　传统事务数据集中的频繁模式挖掘算法 ···············019

2.1 引言 ···019

2.2 传统数据集中频繁模式挖掘的典型算法 ·····················019

　2.2.1 Apriori算法 ··019

　2.2.2 FP-Growth算法 ···020

　2.2.3 COFI算法 ··023

2.3 基于滑动窗口的数据流频繁模式挖掘算法 ···················026

　2.3.1 相关定义及问题描述 ·································026

　2.3.2 算法描述 ···028

　2.3.3 算法分析 ···032

　2.3.4 实验及结果分析 ·······································034

2.4 本章小结 ···036

第3章　不确定数据集上的频繁模式挖掘算法 ················038

3.1 引言 ···038

3.2 不确定静态数据集上频繁模式挖掘算法 ···················039

　3.2.1 相关定义与问题描述 ································039

　3.2.2 AT-Mine算法 ·····································041

　3.2.3 算法分析 ··048

　3.2.4 实验及结果分析 ··································048

3.3 基于滑动窗口的不确定数据流的频繁模式挖掘算法 ·········056

　3.3.1 相关定义与问题描述 ································056

　3.3.2 UDS-FIM算法 ····································056

　3.3.3 实验及结果对比分析 ································066

3.4 带权重值的不确定数据流上的频繁模式挖掘模型 ···········073

　3.4.1 相关定义与问题描述 ································074

　3.4.2 基于权重的频繁模式模型描述 ·······················074

　3.4.3 基于权重的频繁模式挖掘算法 ·······················075

　3.4.4 具有权重值的不确定数据流的频繁模式挖掘算法 ·········080

　3.4.5 实验及结果分析 ··································080

3.5 本章小结 ···082

第4章　高效用模式挖掘算法 ································084

4.1 引言 ···084

4.2 一种不产生候选项集的高效用模式挖掘算法 ···············084

　4.2.1 相关定义与问题描述 ································085

　4.2.2 TNT-HUI算法 ····································086

　4.2.3 算法分析 ··093

4.2.4 实验及结果对比分析 ································· 094

4.3 数据流的高效用模式挖掘算法 ·························· 101

　4.3.1 问题描述 ····································· 102

　4.3.2 HUM-UT算法 ································· 102

　4.3.3 实验及结果分析 ······························· 110

4.4 本章小结 ··· 115

第5章　大数据集上的频繁模式挖掘算法 ·················· 116

5.1 引言 ·· 116

5.2 相关定义 ··· 116

5.3 一种高效的基于MapReduce的频繁模式挖掘算法 ········· 117

5.4 大数据集上的数据流频繁模式挖掘算法 ················· 120

5.5 算法分析 ··· 121

5.6 实验及结果分析 ···································· 122

　5.6.1 不同最小支持度下的运行时间对比 ················ 123

　5.6.2 不同数据量下的运行时间对比 ··················· 124

　5.6.3 加速度对比实验 ······························ 125

5.7 本章小结 ··· 125

参考文献 ·· 127

第1章 绪 论

1.1 背景和意义

智能终端、互联网及无线传感网络的发展将我们带入了一个数据的时代，据市场研究公司 Strategy Analytics 的分析师预测称：在未来 5 年内，全球移动用户基数将增加到 89 亿；中国三家电信运营商的各省份公司也都在构建着自己的数据仓库，而这些数据仓库的总体规模已达到数十 PB 的水平；腾讯微博每天约有 4000 万条微博信息；YouTube 每月上传的视频近 100 万 h。此外，传感器网络、移动网络、电子邮件、社会网络以及生物信息等领域每天都会产生海量数据，在此推动下，数据流成为未来数据发展的一个主要趋势，而从数据流中挖掘有用的知识得到广泛的重视。

数据挖掘（Data Mining，DM）是从大量的、不完全的、有噪声的、模糊的、随机的数据中提取隐含在其中的、人们事先不知道的、但又是潜在有用的信息和知识的过程。当积累的数据越来越多，如何从积累的数据中提取有用的知识成为很多行业的当务之急。数据挖掘的技术主要有关联规则挖掘、聚类分析、分类、预测、时序模式和偏差分析等。

自从数据挖掘技术出现以来，关联规则挖掘一直是数据挖掘领域中的一个最基本和最重要的研究方向。关联规则挖掘的重要工作就是挖掘频繁项集（频繁模式），因此关联规则挖掘也常常称为频繁模式挖掘。根据处理的事务数据集的类型不同，存在传统数据集上的频繁模式挖掘、不确定数据集上的频繁模式挖掘和具有内外部效用值数据集中的高效用模式挖掘等。传统的数据集仅仅考虑了事务项集中的项是否出现，而没有考虑事务项集中的项集效用值；高效用模式挖掘将事务项集中的效用值也考虑到模式的挖掘模型中；不确定事务数据集中的频繁模式挖掘考虑了事务项集中项对应值的不确定性。以上不同类型中的模式挖掘已被广泛应用在商业、企业、过程控制、政府部门及科学研究等领域。如在移动通信数据中，可以通过频繁模式挖掘出高消费客户群的消费规则、不同客户群之间的关系、增值较高的业务组合、客户的消费推荐等；在关联规则产生的过程中，可以同时利用频繁模式和高效用模式来产生利润最大的规则。另外频繁模式挖掘也被扩展到了聚类、分类、预测、序列模式、异常检测等其他数据挖掘技术中。

本书分别对传统数据流、不确定数据流中的频繁模式挖掘算法及数据流中高效用模式挖掘算法进行了分析与研究，分别介绍新的挖掘算法或者对已有算法的改进算法；同时本书也对大数据集中的频繁模式挖掘算法进行了分析与研究，并介绍基于 MapReduce 并行框架的大数据的频繁模式挖掘算法。

1.2 国内外研究现状

由于静态数据集和动态数据流的数据特征不同，从中挖掘频繁模式或高效用模式的算法也有所不同；但是静态数据集的挖掘算法是动态数据流中挖掘算法的基础，本节分别从静态数据集、动态数据流两方面介绍频繁模式和高效用模式挖掘算法的研究现状。

1.2.1 传统数据集中频繁模式挖掘算法的研究

1. 静态数据集上频繁模式挖掘算法

Agrawal 等[1, 2]首先提出了频繁模式挖掘问题的原始算法，并给出了著名的 Apriori 算法。该算法的主要理论依据是频繁项集的两个基本性质：①频繁项集的所有非空子集都是频繁项集；②非频繁项集的超集都是非频繁项集。算法 Apriori 首先产生频繁 1-项集 L_1，然后利用频繁 1-项集产生频繁 2-项集 L_2，直到有某个 r 值使得 L_r 为空为止。在第 k 次循环中，算法先产生候选 k-项集的集合 C_k，C_k 中每一个项集是用两个只有一项不同的 L_{k-1} 中进行并集产生的。C_k 中的项集是用来产生频繁 k-项集的候选项集，即频繁项集 L_k 是 C_k 的一个子集。C_k 中的每个项集需要统计在数据集中的个数，从而来决定其是否加入 L_k，即需要扫描一遍数据集来计算 C_k 中的每个项集的支持度。

Apriori 是首次提出采用逐层挖掘的算法，并且是逐层挖掘算法中的代表算法，之后的很多算法都是在此基础上进行改进，如算法 DHP[3] 采用 Hash 技术来优化 Apriori 算法中候选项集的产生过程。Cheung 等[4] 采用并行方式对 Apriori 算法进行改进，将数据集划分为多个小数据块，在每次迭代产生频繁项集过程中，首先并行计算所有候选项集在各个数据块的支持数，然后汇总每个候选项集的总支持数（即可从候选项集中找到频繁项集），最后再利用当前层产生的频繁项集来产生新的候选项集来进行下次的迭代。算法 Apriori 的主要缺点：①扫描数据集的次数至少等于最长的频繁项集的长度；②需要维护算法过程中产生的候选项集（中间结果）。

算法 Apriori 在挖掘过程中产生了大量的候选项集，并且需要反复扫描数据集，严重影响了算法效率。为此，Han 等人提出了一种无须产生候选项集的算法 FP-Growth[5]，该算法只需要扫描数据集两次：第一次扫描数据集得到频繁 1-项集；第二次扫描数据集时，利用频繁 1-项集来过滤数据集中的非频繁项，同时生成 FP-Tree，然后在 FP-Tree 上执行递归算法，挖掘所有的频繁项集。实验分析表明 FP-Growth 算法比 Apriori 算法快一个数量级。

算法 FP-Growth 是采用模式增长的方式直接生成频繁模式，该算法是模式增长算法中的典型算法，同时也是第一个模式增长算法，之后提出的模式增长挖掘算法[6-18] 都是在此基础上进行改进的，包括不确定数据集中频繁模式挖掘和高效用模式挖掘中的很多算法。

算法 COFI[19] 不需要递归的构建子树，该算法通过项集枚举的方法来挖掘频繁模式；在稀疏数据集上，该算法的时间和空间效率优于算法 FP-Growth，但在处理稠密数据集或长事务数据集的时候，该算法的处理效率比较低。

之后提出了很多频繁项集挖掘算法[20-30]，包含完全频繁项集挖掘[5, 19, 21, 22, 24, 26, 31-35]、闭项集挖掘[20, 28, 36] 和最大频繁项集挖掘[23, 25, 27, 29, 37]；其中国内在这领域研究也有较大的进展[7, 38-74]，包括 TOP-K 频繁项集挖掘[75-77]、负关联规则挖掘算法[78, 79] 等。

2. 数据流中频繁项集挖掘算法

和静态数据集相比，动态数据流上有更多的信息需要跟踪，如以前频繁模式后来变为非频繁项集，或以前非频繁模式后来变为频繁模式；另外，由于数据的流动性，当前内存中维护的数据要不断地调整。数据流中的频繁模式挖掘算法一般采用窗口方法获取当前用户关注的数据；然后基于已有的静态数据集上的频繁模式挖掘算法，提出可以挖掘数据流中被关注数据的算法。目前存在3种典型的窗口模型[80]：界标窗口模型（Landmark Window Model）、时间衰减窗口模型（Damped Window Model）和滑动窗口模型（Sliding Window Model）。

界标窗口模型中的窗口指特定一时间点（或数据流中一条特定的数据）到当前时间（或当前条数据）之间的数据，界标窗口模型如图1.1（a）所示，在C1、C2和C3时刻，窗口中的数据分别包含了从S点到C1点、C2点和C3点之间的数据。文献［81-85］中频繁项集挖掘算法都是基于界标窗口，文献［82］提出算法DSM-FI（Data Stream Mining for Frequent Itemsets）是基于界标窗口，它以数据开始点为界标点，该算法有三个重要特征：①整个挖掘过程只需要一遍数据集扫描；②扩展前缀树存储挖掘的模式；③自上而下的方式挖掘频繁项集。文献［83］提出一个基于界标窗口的频繁闭项集挖掘算法FP-CDS，该算法将一个界标窗口划分为多个基本窗口，每个基本窗口作为一个更新单元（每个基本窗口中的数据也可以称为一批数据）：首先从每个基本窗口中挖掘出潜在的频繁闭项集，同时存储在FP-CDS树上，最终从FP-CDS树上挖掘出所有的频繁闭项集。文献［84］提出一个近似算法Lossy Counting，该算法以批为处理单元，每来一批就更新一次已有频繁项集的支持数，频繁的项集被保留下来，不频繁的被删除，同时也将当前批中新的频繁项集保留下来。

时间衰减窗口模型和界标窗口模型所包含的数据是相同的，只是衰减窗口中的每条数据有不同的权重，距离当前时间越近，数据的权重越大，如图1.1（b）所示；实际上，时间衰减窗口模型是界标窗口模型的一个特例。文献［86-90］中算法都是基于时间衰减窗口模型。文献［86］提出一个基于衰减窗口模型的近似算法，该算法用一个树结构FP-stream来存储两类项集：频繁项集和潜在频繁项集。当新来一批数据的时候，更新树结构上这两类项集的支持数，如果更新后的项集既不是频繁项集，也不是潜在频繁项集，则将这类项集从树上删除；同时新来一批数据中新产生的频繁项集或潜在频繁项集也要存储在这个树结构上。文献［87］引入一个时间衰减的函数来计算项集支持数以及总的事务支持数。文献［88］采用固定的衰减值，当新来一个事务项集的时候，已有的频繁项集的支持数都乘以固定的衰减值，如果新来的事务包含某一频繁项集，则该项集的支持数再加上1。

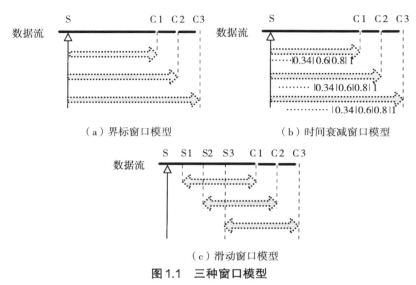

（a）界标窗口模型　　　　（b）时间衰减窗口模型

（c）滑动窗口模型

图1.1　三种窗口模型

S—数据流中指定的起点；C1，C2，C3—3个不同的处理点；
S1，S2，S3—3个不同的起点。

滑动窗口模型中当前处理数据的个数固定，或者是当前处理数据的时间段长度固定，如图1.1（c）所示。基于滑动窗口模型的频繁项集挖掘算法研究比较多[91-100]。文献［92］提出一个挖掘算法DST，该算法指定一个窗口中有固定批的数据，并且每批数据中事务个数也是固定的，每新到一批数据就更新一次窗口；DST将窗口中事务数据保存到树DST-Tree上，DST-Tree的节点结构如图1.2（a）所示，节点上的 P 字段记录节点当前窗口中每批数据中的支持数，同时每个节点还用 L 字段记录更新该节点的最后批次；每新来一批数据，将新到的数据添加到树DST-Tree上，同时修改相应节点上的 P 值和 L 值。算法DST在挖掘窗口中频繁项集之前，先把树上不再有用的节点（垃圾节点）从树上删除，然后用算法FP-Growth挖掘每个窗口中的频繁项集。文献［92］的作者后来又提出一个算法DSP[93]，算法DSP和DST的主要区别是DSP采用COFI来挖掘窗口中的频繁项集，而DST是用FP-Growth挖掘窗口中的频繁项集；算法DSP存储事务项集的树结构和DST的相同。

（a）DST-Tree上的节点结构　（b）CPS-Tree上的一般节点的结构　（c）CPS-Tree上的尾节点的结构

图1.2　树DST-Tree和CPS-Tree的节点结构

N—节点名；S—总支持数；L—最后更新批次；

P—pane-counter $[V_1, V_2, \cdots, V_w]$（V_i—第 i 批中的支持数；w—窗口中的总批数）。

文献［95］提出一个基于滑动窗口的频繁项集挖掘算法CPS，在算法CPS中，每个窗口是由固定批的数据组成，以批为单位更新窗口中数据，该算法将窗口中事务项集保存到一棵CPS-Tree树上，树CPS-Tree上有两类节点：正常节点（normal node）和尾节点（tail-node），正常节点上只记录该节点总的支持数 S，如图1.2（b）所示；而尾节点要记录总的支持数 S，同时还用一个数组 P 记录一个节点当前窗口中每批数据上的支持数，如图1.2（c）所示。每新来一批数据，该算法会将树中的垃圾节点删除，采用FP-Growth算法挖掘每个窗口中的频繁项集。

1.2.2 不确定数据集中的频繁模式挖掘算法的研究

随着数据挖掘技术的广泛应用、数据采集中的不确定性和误差性等原因，现实中会产生很多不确定的数据，例如一个病人在问诊中，往往并不能根据病人的症状而被百分之百地确诊为某一病；通过RFID或者GPS获取的目标位置都有误差[101, 102]；用商业网站或历史数据中挖掘到的购物习惯来预测某些顾客下一步购买的商品都存在一定的不确定性。表1.1是一个不确定数据集的例子，每个事务表示某一顾客最近要买哪些商品以及买这些商品的可能性（概率）。因此随着不确定数据在很多领域的产生，对该类数据进行挖掘分析又成为数据挖掘领域一个新的研究问题[103-124]。由于不确定数据集和传统数据集的数据结构不同，并且两类数据集上的频繁模式挖掘模型也不同，因此不能用传统数据集中的算法来挖掘不确定数据集中的频繁模式。本节根据数据集的静态和动态特性，分别描述不确定数据集上频繁模式挖掘算法的研究现状。

表1.1 不确定数据集

事务	事务项集
t_1	(a : 0.8), (b : 0.7), (d : 0.9), (f : 0.5)
t_2	(c : 0.8), (d : 0.85), (e : 0.4)
t_3	(c : 0.85), (d : 0.6), (e : 0.6)
⋮	⋮

1. 静态数据集

不确定事务数据集的频繁项集挖掘算法主要分为逐层挖掘（level-wise）和模式增长（pattern-growth）两种方法。逐层挖掘的算法基于算法 Apriori，模式增长方式的算法则基于算法 FP-Growth。表1.2 列出了一些重要算法及其一些特征。

表1.2 不确定数据集上的频繁模式挖掘的主要算法

时间	作者	出处	算法	方法	近似/精确
2007	Chui C K, Kao B, et al	PAKDD 2007	U-Apriori	逐层挖掘，候选项集筛选	精确
2007	Leung C K S, Carmichael C L, Hao B	ICDM Workshops 2007	UF-Growth	模式增长	精确
2009	Aggarwal C C, Li Y, et al	KDD 2009	HU-Mine	模式增长	精确
2009	Aggarwal C C, Li Y, et al	KDD 2009	UFP-Mine	模式增长，候选项集筛选	精确
2011	Wang L, Cheung D, Cheng R, et al	IEEE TKDE	MBP	逐层挖掘	精确
2012	Sun X, Liu L, Wang Sh	Journal of dvancements in Computing Technology	IMBP	逐层挖掘	近似
2012	Lin C W, Hong T P	Expert Systems with Applications	CUFP-Mine	候选项集筛选	精确

U-Apriori[121]是第一个不确定数据集上的频繁项集挖掘算法，该算法是基于Apriori提出的。该算法和Apriori的主要区别是前者扫描数据集是为了计算每个候选项集的期望支持数，而后者扫描数据集是为了计算候选项集的支持数。因此U-Apriori算法的缺陷同Apriori算法一样：产生候选项集，以及需要多遍扫描数据集来统计每层候选项集的期望支持数，如果最长的频繁项集长度是k，则最少需要扫描k次数据集。因此，如果数据集比较大、事务项集长度比较长或设定的最小期望支持数比较小，则U-Apriori的时间和空间性能都会受到很大的影响。

2011年，Wang等[115]提出一个不确定数据集的频繁项集挖掘算法MBP。该算法主要是对U-Apriori算法的改进，作者提出了两种策略来提高计算候选项集的期望支持数的效率：①在扫描数据集的过程中，如果一个候选项集提前被识别为非频繁项集，就停止计算该项集的实际期望支持数；②扫描数据集的过程中，如果一个候选项集的当前期望支持数已经大于预定义的最小期望支持数，就停止计算该项集的实际期望支持数。因此，算法MBP在时间和空间性能上得到了很大的提升。

2012年，Sun等[111]改善了算法MBP，基于MBP算法给出一个不确定数据集中频繁项集挖掘的近似算法IMBP。IMBP时间和空间性能优于MBP，然而，其准确性并不稳定，并且在稠密数据集中的精确度比较低。

2007年，Leung等[122]提出一个基于树的模式增长的算法UF-Growth，该算法中还提出一个新的树结构UF-Tree来存储不确定事务数据集，采用模式增长的方式从树上挖掘频繁项集。UF-Growth和FP-Growth的主要区别有两点：①UF-Tree树上每个节点除了保存和FP-Tree树上节点相同的信息外，还保存了每个节点的概率值，因此只有项相同，并且其相应的概率值相同的项才能共享同一个节点；而FP-Tree中，只要项相同就可以共享同一节点。②UF-Growth中计算频繁项集的时候都是统计项集的期望支持数，FP-Growth是计算项集的支持数。因此，UF-Tree树上的节点比较多，例如，对于两个不确定事务项集{a：0.50，b：0.70，c：0.23}和{a：0.55，b：0.80，c：0.23}，当按照字典顺序插入树中时，由于两个事务中项a的概率不相等，所以这两个项集不能共享同一个节点a，从而算法UF-Growth需要更多的空间和时间来处理UF-Tree。

Leung等[120]又改善UF-Growth以减小UF-Tree树的大小。改进算法的思想：先

预定义一个 k 值，只考虑事务项集中概率值小数点之后的前 k 位数，如果两个概率的小数点之后的前 k 位数值都相同，则认为这两个概率值相同。例如，设定 k 值为1，当这两个事务项集{a：0.50，b：0.70，c：0.23}和{a：0.55，b：0.80，c：0.23}再按字典顺序添加到 UF-Tree 上时，则项 a 的概率均为0.5，则这两个项集可以共享同一个节点 a；但若 k 设定为2，则项 a 概率分别为0.50和0.55，则这两个项集就不能共享同一个节点 a。k 值越小，改进后的算法消耗的内存越小，但改进后的算法仍然不能创建一棵与原始 FP-Tree 一样压缩率的 UF-Tree，并且改进后的算法还可能会丢失一些频繁项集。

算法 UH-Mine[125]也是一个模式增长的算法，它和 UF-Growth 算法的主要区别：UF-Growth 算法采用 FP-Tree 保存事务项集，而 UH-Mine 采用非压缩的结构 H-struct[26]来保存事务项集。在将事务项集存储到 H-struct 上时，没有任何的压缩，即任两个项集都不会共享任何节点。H-struct 的创建也需要扫描数据集两遍：第一遍，创建一个有序的频繁1-项集头表；第二遍，将事务项集添加到 H-struct 中，同时按头表的顺序添加，并且删除事务项集中非频繁的项。头表中还保存有每个频繁项在树上的所有节点。该算法在较小的数据集上，能获得较好的效果，然而在大数据集上，因为 H-struct 需要较多的空间来存储，同时也需要较多的时间来处理 H-struct 上的所有节点。

文献［125］也将经典算法 FP-Growth 扩展到不确定事务数据集，扩展后的算法命名为 UFP-Growth。UFP-Growth 采用 FP-Growth 的方法创建了一棵同样压缩率的树，但是创建的树会丢失事务项集相应的概率信息，所以 UFP-Growth 只是先从树上产生候选项集，最后通过一遍原始数据集的扫描确认真正的频繁项集。

2011年，Lin 等[109]提出一个新的不确定事务项集的频繁项集挖掘算法 CUFP-Mine。该算法是将事务项集压缩到一个新的树结构 CUFP-Tree 上，一棵 CUFP-Tree 树的创建需要扫描两遍数据集：第一遍扫描是为创建一个有序的频繁1-项集头表；第二遍扫描中，将事务项集按头表排序，同时删除事务项集中的非频繁项。假设项集 Z（$\{Z_1, Z_2, \cdots, Z_i, \cdots, Z_m\}$）是有序，并且所有项都是频繁的，则当任一项 Z_i 被添加到树上时，在对应节点上需要将 Z_i 的所有超集（超集是由项 Z_1，Z_2，$\cdots$，Z_i 中的任意项组合的）及每个超集对应的期望支持数保存到该节点上。

CUFP-Mine 的主要思想：所有的事务项集压缩到树上后，再统计相同节点上所有超集的总的期望支持数，即可判断哪些超集是频繁的。CUFP-Mine 的优点是不需要递归的挖掘频繁项集；在设定阈值较大的情况下，能够较快地发现频繁项集。该算法的主要缺点是需要较多的内存来保存事务项集；另外，随着数据集的变大和设定的最小期望支持数变小，该算法很容易发生内存溢出。

2. 动态数据流

针对不确定数据流中频繁项集挖掘，已有的算法主要基于 UF-Growth 及滑动窗口技术或时间衰减窗口技术[112-114, 116, 119, 124]。

Leung 等[119]提出两个基于滑动窗口的算法 UF-streaming 和 SUF-Growth，每个滑动窗口包含固定批数的数据，当一个窗口满了以后，每来一批数据，都会先从窗口中删除一批最老的数据，然后再将新来数据添加到窗口中。

算法 UF-streaming 采用 FP-streaming[86]的方法，预定义两个最小期望支持数 $preMinsup$ 和 $minSup$（$preMinsup<minSup$），UF-streaming 挖掘的频繁项集的支持数大于等于 $minSup$，而支持数介于 $preMinsup$ 和 $minSup$ 之间的项集称为潜在频繁项集，也会和频繁项集一起保存到一棵树 UF-stream 上。该算法利用 UF-Growth 挖掘每批数据中的支持数大于等于 $preMinsup$ 的项集作为候选项集，然后将每批数据中的候选项集保存到一个树 UF-stream 上，UF-stream 树上每个节点记录窗口中每批数据的支持数（假设一个窗口中包含 w 批数据，则每个节点上需要记录 w 个支持数）；当新来一批数据中的候选项集被添加到 UF-stream 树上之前，会将树上最老批次数据对应的候选项集从树上删除；当一个节点上总的支持数（所有批上的支持数的和）大于等于 $minSup$，则该节点到根节点对应的项集就是一个频繁项集。该算法是一个近似的挖掘算法，会丢失一部分频繁项集。

SUF-Growth 算法主要基于算法 UF-Growth，该算法将每批数据添加到树 UF-Tree 的时候，节点分别记录每批数据的支持数（假设一个窗口中包含 w 批数据，则每个节点上需要记录 w 个支持数）；当新来一批数据的时候，会首先将树上最老批次的数据删除；最老批次数据删除之后，则将新来数据添加到树上；挖掘频繁项集的时候从该树上读取数据，采用模式增长的方式挖掘频繁项集。

文献［113，114］中提出的算法采用的是时间衰减窗口模型，仍然采用
UF-Tree来存储窗口中的事务项集。由于UF-Tree共享同一个节点时，不仅要求
项相同，还要求项对应的概率值也相同，因此该树结构的存储需要大量的空
间，同时也需要较多的处理时间。

1.2.3 高效用项集挖掘算法的研究

传统数据集中频繁模式挖掘仅仅考虑了一个项集在多少个事务中出现，并
没有考虑项集中各项的重要度、利润、价格和数量等效用值相关的信息，而效
用值可以度量项集的成本、利润值或其他重要度等信息。例如，在传统数据集的
购物单中，只考虑一个购物单中包含了哪些商品，而没有考虑一个购物单中
每个商品的数量、价格或利润，然而在现实的很多应用中，购物单中商品的
数量以及每种商品的单位利润都是很重要的。表1.3和表1.4是一个具有效用
信息的数据集，该类数据中的高效用模式可以用来最大化一个企业的商业利
润，这里称此类数据为带有效用的数据集。其中表1.3的前两列是一个包含7
个事务的事务数据集，表1.4是各事务项的单位利润（效用）值；表1.3中的
第三列 tu（T_i）给出了每个事务的总效用值，后面三列则分别是B、C、{BC}
三个项集在每个事务上的效用值。下面给出静态和动态数据集上的高效用模
式挖掘算法的研究现状。

表1.3 高效用数据集实例

事务	事务项集	tu（T_i）	u（B，T_i）	u（C，T_i）	u（{BC}，T_i）
t_1	（B，4）（C，3）（D，3）（E，1）	24	12	3	15
t_2	（B，2）（C，2）（E，1）（G，4）	15	6	2	8
t_3	（B，3）（C，4）	13	9	4	13
t_4	（A，1）（C，1）（D，2）	15	0	1	0
t_5	（A，2）（B，2）（C，2）（D，2）（E，1）（F，9）	44	6	2	8
t_6	（A，1）（C，6）（D，2）（E，1）（G，8）	31	0	6	0
t_7	（A，2）（C，4）（D，3）	30	0	4	0

表1.4　利润（外部效用值）表

项	利润	项	利润
A	10	E	3
B	3	F	1
C	1	G	1
D	2		

1. 静态数据集

表1.5列出了一些高效用模式挖掘的主要算法。2004年，Yao等[126]首先提出了高效用项集挖掘的相应定义和数学模型：数据集D_{ut}上一个项集X的效用值$u(X)$，被定义为X在所有事务t上的效用值的总和，即$u(X)=\sum_{t \in D_{ut} \wedge t \supseteq X} u(X,t)$，其中$D_{ut}$是一个带有效用值的数据集、$u(X,t)$是项集$X$在事务$t$上的效用；它是一个项集的总的利润（总的效用值），例如："牛奶"+"面包"组合为所有的购物记录中所产生的利润的总和。高效用项集挖掘的目标，就是找出效用值$u(X)$高出用户预先设定的最小效用值的所有项集。

在文献［126］中Yao等还提出一种挖掘算法，该算法首先估计项集效用的期望值，然后用估计的期望值来判断一个项集是否是一个候选项集。但是，当用户设定的最小效用值比较低的时候，或者事务中包含比较多的事务项集的时候，该方法产生的候选项集个数接近于所有项的组合数。针对上述算法中产生大量候选项集的问题，在2006年，他们又在文献［127］中提出了两个新的算法：UMining和UMining_H。UMining算法采用效用值上限的剪枝策略来降低候选项集个数，UMining_H算法采用启发式的策略来降低候选项集的个数；同时这两个算法会失去一些高效用项集，并且产生的候选项集个数还是比较多。

表1.5　高效用模式挖掘的主要算法

时间	研究者	论文出处	方法	特点
2004	Yao H, Hamilton H J, et al	ICDM 2004	首先提出了高效用模式挖掘的相应定义和数学模型；并采用高估项集效用值的办法来挖掘候选项集，再从中识别高效用模式	产生候选项集；需要多次数据集的扫描

续表

时间	研究者	论文出处	方法	特点
2005	Liu Y，Liao W，et al	Advances in Knowledge Discovery and Data Mining	首先提出一个 *twu* 模型来计算候选项集的高估值；然后给出一个层次的挖掘算法 Two-Phase	产生候选项集；需要多次数据集的扫描
2006	Yao H，Hamilton H J	Data & Knowledge Engineering	UMining：采用效用值上限的剪枝策略来降低候选项集个数；UMining_H：采用启发式的策略来降低候选项集的个数	产生候选项集；需要多次数据集的扫描；会失去一部分高效用模式
2008	Li Y C，Yeh J S，et al	Data and Knowledge Engineering	IIDS：同 Apriori 采用层次方式产生高效用模式	产生候选项集；多次扫描数据集
2009	Ahmed C F，Tanbeer S K，et al	IEEE TKDE	IHUP：采用模式增长的方式产生候选项集，然后再扫描数据集从候选项集中确认高效用模式	产生候选项集；需要三次数据集的扫描
2010	Tseng V S，Wu C W，et al	KDD 2010	UP-Growth：对算法 IHUP 进行了优化，减少候选项集的个数	产生候选项集；需要三次数据集的扫描
2011	Lin C W，Hong T P，et al	Expert Systems with Applications	HUP-Growth：将事务项集及效用值信息维护在一棵树上，然后计算每项所有可能超集的效用值，从中确认高效用模式	需要计算大量项集的效用值
2012	Liu M，Qu J	CIKM 2012	HUI-Miner：同 Apriori 算法层次方式产生高效用模式	产生大量的项集，并需计算每个项集的效用值
2012	Liu J，Wang K，et al	ICDM 2012	d2HUP：通过枚举项集的方法来挖掘高效用模式；同时需要维护枚举树和事务项集	产生大量枚举项集的效用值；空间消耗较大
2012	Tseng V S，Shie B，et al	IEEE TKDE	UP-Growth：同 2010 年 KDD 上的 UP-Growth	同2010年KDD上的UP-Growth

自 Yao 等提出高效用项集挖掘之后，高效用项集挖掘也成为一个研究热点[126-140]。2005 年，Liu 等[128]提出了一个典型算法 Two-Phase，同时作者还提出一个 *twu*（transaction-weighted-utilization）模型，即一个项集的 *twu* 值不小于用户设定的最小效用值，该项集就是一个候选项集。该模型同时也满足向下封闭属性，即如果一个项集的 *twu* 值不小于用户设定的最小效用值，则该项集的任何非空子集的 *twu* 值也不小于用户设定的最小效用值；如果一个项集的 *twu* 值小于用户设定的最小效用值，则该项集的任何超集的 *twu* 值也小于用户设定的最小效用值。Two-Phase 算法主要分为两步来完成：首先利用 *twu* 模型和 Apriori 算法，挖掘出所有的候选项集；再扫描一遍数据集来确定哪些候选项集是高效用项集。Two-Phase 算法确实优于文献［126］中的方法，但是该算法包含了 Apriori 算法需要扫描多遍数据集的缺点；同时该方法也是通过候选项集来产生高效用项集，其时间效率仍然不是很理想。

为了解决已存在算法的低效率问题，特别是挖掘稠密数据集时的低效率问题，2007 年，Erwin 等[137]提出了一个基于树结构的高效用项集挖掘算法 CTU-Mine。然而，该算法只是在挖掘稠密数据集或用户设定的最小效用值比较低的时候，性能才优于 Two-Phase 算法。

2008 年，Li 等[135]针对 Two-Phase 算法中产生过多候选项集的问题，提出了降低候选项集的策略 IIDS（Isolated Items Discarding Strategy），并将提出的策略应用到已存在的层次挖掘算法中，分别得到两个新的算法 FUM 和 DCG+。这两个算法都优于它们原来的算法，但是这两个算法还是存在同样的问题：通过候选项集来挖掘高效用项集。2007 年，Hu 等[136]还提出一个近似的方法来挖掘高效用项集；2011 年，Lin 等[134]提出一个新算法 HUP-Growth，该算法首先通过两遍数据集扫描，将事务项集维护在一棵类 FP-Tree 的树上，处理树上每一项的时候，需要产生包含该项的所有项集，同时需要计算这些项集的效用值，即可以从中确认真实的高效用项集；该算法的计算量比较大，但是该算法的时间效率优于算法 Two-Phase。

以上提出的算法基本上都是通过多遍扫描数据集来产生候选项集；2009 年，Ahmed 等[132]提出一个不需要多次扫描数据集的算法 IHUP。算法 IHUP 先将事务项集及效用信息存储在一棵 IHUP-Tree 上，这里以表 1.3 和表 1.4 的数据为例来描述算法 IHUP，最小效用值（记为 $minUti$）设为 70。

该算法首先扫描一遍数据集，计算各项的 twu 值，删除 twu 值小于 70 的项，然后将剩余的项按 twu 值大小的逆序排序，如图 1.3 中左边的头表。创建好头表后，接下来就可以创建树，首先将事务项集按头表中项的顺序排序，同时删除不在头表中的项，计算修改后的事务项集的 twu 值，再将有序的项集添加到树上，同时将新计算到的 twu 值累加到该项集在树中的所有节点上。表 1.3 和表 1.4 中数据所对应的 IHUP-Tree 如图 1.3 所示。创建完树后，采用模式增长的方式从树上产生候选项集；最后再扫描一遍数据集从候选项集中识别出高效用项集。该算法的挖掘效率相对于已有的算法有很大的提高。

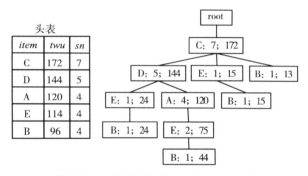

图 1.3　一棵 IHUP-Tree（$minUT$=70）

Tseng 等在文献 [130，131] 中对算法 IHUP 进行改进，主要是针对建树方法的改进，进而得到算法 UP-Growth。Tseng 等考虑到处理树上每个节点的时候，子孙节点不再参与当前节点的处理过程，因此 Tseng 等人在将一个准备好的项集添加到树上，并在处理该项集中每一项的时候，只将该项及祖先项的效用值的和累加到该项在树上对应的节点上，如图 1.4 所示，当表 1.3 中第二个事务（B，2）（C，2）（E，1）（G，4）被添加到树上的时候，首先被处理的项集为 “C：2，E：3，B：6”（其中的数值为各项在该事务中的效用值），当各项被添加到树上的时候，如项 E 对应的节点只将项 C 和 E 的效用值累加到该节点效用值上，项 B 对应的节点将这三项的效用值都累加到该节点效用值上，如图 1.4 的路径 root-C-E-B 所示。对比图 1.3 和图 1.4，会发现后者树上很多节点的效用值降低了很多，从而在创建条件子树的时候，会有很多项排除在条件子树之外，即条件子树中节点也会减少，因此UP-Growth算法的效率比IHUP算法提高了很多。

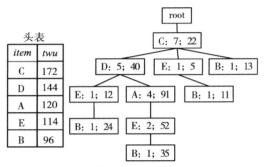

图1.4　一棵UP-Tree（*minUT*=70）

算法D²HUP[141]采用项集枚举的方法挖掘高效用项集，该算法主要通过剪枝策略提高挖掘的时间效率，但是需要大量的空间来维护枚举树和事务项集。HUI-Miner[133]同Apriori算法采用层次方式产生高效用项集，每层中需要产生大量的项集，并计算每个项集的效用值；同时还需要维护每个项集所在事务ID、相应事务中的效用值和事务中其余项的效用值信息，因此该算法空间消耗较大。

2. 动态数据流

Tseng等[138，139]提出了第一个数据流中高效用项集挖掘算法THUI，该算法整合了Two-Phase算法和滑动窗口的方式来挖掘数据流上的高效用项集，每个窗口中有固定批数的数据，每批数据又有固定个数的事务项集。该算法首先挖掘出窗口的第一批数据中的候选2项集，当第二批数据到来的时候，再挖掘出前二批数据中的候选2项集，依次挖掘出整个窗口中的候选2项集，用所有的候选2项集再产生全部的候选项集，最后还需要再扫描一遍数据集从候选项集中确认高效用项集。维护候选2项集的时候，还将每个候选项集产生的开始批次保存下来，当删除老数据的时候，只将候选项集的*twu*值减去该项集在最老批次数据中的*twu*值，同时将修改项集的开始批次增加1；当新来数据的时候，修改当前维护的候选项集的*twu*值，同时将新来批数据中新产生的候选项集添加到维护的候选项集集合中。该算法是一个近似算法，它的主要问题是需要产生并维护候选项集，并且还需要扫描数据集来统计每个候选项集的效用值，甚至有时候会产生大量的候选项集。

Li 等[129]提出两个基于滑动窗口的算法：MHUI-BIT 和 MHUI-TID，这两个算法都采用类 Apriori 算法的特点逐层产生所有的候选项集，然后再扫描数据集来统计候选项集的效用值。算法 MHUI-BIT 和 MHUI-TID 分别采用 bit-vector 和 TID-lists 两个结构来存储当前窗口中每批数据，利用这两个结构能检索到与候选项集相关的事务，从而可以快速地统计候选项集的效用值，实验结果也验证了这两个算法的时间效率优于算法 THUI。

2010 年，Ahmed 等[140]提出一个仍然基于滑动窗口的算法 HUPMS，该算法采用树结构来维护窗口中每批数据的事务项集，通过一遍数据集扫描，将窗口中的事务项集维护在一棵树上，当新来一批数据的时候，先将最老数据从树上删除，再将新的数据添加到树上；当需要挖掘窗口中的高效用项集的时候，采用模式增长的方式从树上挖掘出所有的候选项集；最后再扫描一次数据集来统计所有候选项集的效用值。该算法相对算法 MHUI-BIT 和 MHUI-TID，可以有效地减少候选项集的个数，实验也验证了该算法有比较好的时间性能。

1.2.4 大数据集下的频繁模式挖掘研究

目前，针对大数据环境下的数据流频繁模式挖掘算法研究比较少，主要集中在静态的大数据中研究。PFP[142]是一个基于 MapReduce 的 FP-Growth 算法的实现，该算法需要两次 MapReduce。首先，PFP 算法利用 MapReduce 建立一个头表。第二次 MapReduce，在 Map 过程中，每个事务项集都按头表的顺序排序，并且删除事务项集中不频繁的项，将有序事务项集中每项之前的项集（称为子事务项集）作为 value 值，该项作为 key 值输出，即如果一个事务项集中包含 k 项，则该事务项集会产生（$k-1$）个（key，value）键值对，即一个事务项集被分配给全局头表中多项来创建子树；在 Reduce 过程中，采用 FP-Growth 算法挖掘各项对应的子事务项集中的频繁项集。PFP 算法的最大缺点是不能将数据均匀分配给各个节点，有的节点上数据量会很大，因此会影响到整体的时间效率。文献［143］针对云制造环境下数据挖掘的需求，提出了一种新的利用键值存储系统优化 PFP-Growth 算法。

Apriori 算法的 MapReduce 实现的研究比较多，文献［144-151］中的算法都是基于MapReduce的Apriori实现的研究。已存在的基于Apriori的算法主要采用多次MapReduce来实现Apriori算法的并行算法，如果数据集中存在最大长度是k的频繁项集，则需要最少k次MapReduce。首先MapReduce一遍数据集产生频繁1-项集；然后用频繁1-项集组合产生候选2-项集，将候选2-项集分配到各个节点上，进行第二次MapReduce扫描数据集，统计各个候选项集在各个节点上支持数，在Reduce过程中再统计各个候选项集在全部数据集上的支持数，即可发现频繁2-项集；继续产生候选k-项集，进行k次MapReduce扫描数据集，从中发现频繁k项集（$k \geqslant 3$）。文献［151］中还提出三个算法FPC和DPC和SPC：FPC在每次迭代过程中，产生固定层次的候选项集，如产生$k+1$，$k+2$，…，$k+l$的候选项集（l为某一固定值）；而算法DPC是对FPC的一个改进，在每次的迭代过程中，将FPC中的l变为一动态值；算法SPC[151]是每次迭代中只产生一层候选项集。通过实验分析，发现算法SPC和FPC的时间性能比较好，并且两算法的时间性能也比较接近，但是算法FPC在每次迭代中会产生过多候选项集，内存需求会比较多。

文献［147］提出了基于MapReduce的Apriori算法近似频繁项集挖掘算法PSON，通过两次MapReduce（第一次是挖掘每个节点上的局部频繁项集，然后合并所有节点上的局部频繁项集作为候选项集；第二次MapReduce，再扫描一遍数据集统计所有候选项集的支持数），即可从候选项集中发现所有支持数大于等于设定的最小支持数的频繁项集。该算法的问题就是输出的是<key，1>键值对，并且该算法挖掘的结果中会丢失部分频繁项集。

第2章 传统事务数据集中的 频繁模式挖掘算法

2.1 引言

传统数据集上的频繁模式挖掘算法已经得到深入的研究和广泛的应用，它也为不确定数据集中频繁模式挖掘和高效用模式挖掘奠定了基础，但是提高挖掘算法的时空效率仍然是研究的热点问题，在通过对已有算法分析研究的基础上，本章主要介绍一个基于滑动窗口的数据流的频繁模式挖掘算法。

2.2 传统数据集中频繁模式挖掘的典型算法

传统数据集中的频繁模式挖掘算法不仅是对应数据流中频繁模式挖掘算法的基础，同时也是不确定数据集中频繁模式挖掘算法[111, 115, 120-122, 125]和高效用模式挖掘算法[127-132]的基础，同时在序列模式挖掘[152-155]、事务间的频繁项集挖掘、异常检测[73, 156-159]、分类[157, 160-163]和聚类[164]算法中得到应用。

本节主要详细描述几个传统数据集中典型的频繁模式挖掘算法。

2.2.1 Apriori算法

Apriori算法是一个典型的逐层挖掘算法，后继的很多逐层挖掘算法都是基于Apriori算法的改进。以Apriori算法为例说明逐层挖掘的算法步骤：①扫描一遍数据集，找出所有频繁1-项集。②用任两个频繁1-项集组合产生所有的候选2-项集，再扫描一遍数据集统计候选项集中每个项集的支持数，从中找出所有的频繁2-项集。③用频繁2-项集组合产生候选3-项集，要求组合的两个2-项集中有一个元素（项）相同；如果产生的3-项集的子集中存在长度为2的项集不是频繁2-项集，则该3-项集就不是一个候选项集；候选项集产生以后，再扫描一遍数据集统计候选3-项集中每个项集的支持数，从中找出所有的频繁3-项集。④同③中方法，逐次挖掘出频繁k-项集（$k \geqslant 4$），直到没有新的频繁项集产生为止。

算法Apriori的主要缺点是需要多次扫描数据集来统计候选项集的支持数，如果产生的最长频繁项集的长度是k，则算法需要k或$k+1$次数据集扫描；如果用户预定义的最小阈值比较小或者数据集比较大，则候选项集就会很多，因此该类算法的效率会受到很大的影响。

2.2.2 FP-Growth算法

FP-Growth算法是一个典型的模式增长算法，并且也是第一个模式增长算法，后继的很多模式增长算法都是基于该算法进行改进。FP-Growth算法相对Apriori算法，在很多情况下（如用户预定义最小阈值比较低、数据集包含的项比较多或者数据集中包含的长事务项集比较多等），FP-Growth算法的效率得到了很大的提高。以表2.1中数据集为例说明FP-Growth算法的挖掘步骤（这里设定用户预定义的最小支持数为3）。

表2.1 一个传统事务数据集实例

事务	事务项集
t_1	a，c，d
t_2	b，d
t_3	a，b，c，d
t_4	a，b，c
t_5	a
t_6	a，c
t_7	a，b，d
t_8	a，b，c，d
t_9	a，c

步骤1　扫描一遍数据集，统计各项的支持数，并将支持数大于等于最小支持
　　　　数的项按支持数从大到小保存到一个头表 H 中，图 2.1（a）为实例中数
　　　　据统计的头表 H（其中头表中的 $link$ 字段存储每项在树上的所有节点指
　　　　针；还有另外一种处理方法，只将每个项在树上的第一个节点保存在
　　　　$link$ 中，下一个同名节点的指针依次保存在上一个节点中）。

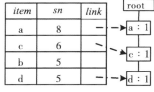

（a）头表 H　　　　（b）第一个事务添加后的 EP-Tree

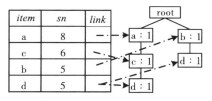

（c）前两个事务添加后的 FP-Tree

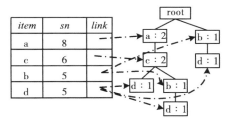

（d）前三个事务添加后的 FP-Tree

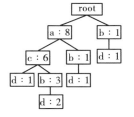

（e）所有事务添加后的 FP-Tree

图 2.1　FP-Tree 的构建实例

步骤2　再次扫描数据集，将数据集中的所有事务项集添加到一棵树上，首先
　　　　删除事务项集中不频繁的项（不在头表中的项都是不频繁的），事务项
　　　　集中剩余项按头表的顺序添加到树上，对应的每个节点支持数都增加
　　　　1。图 2.1（b）是表 2.1 中第一个事务项集添加到树上后的结果，同时
　　　　也将新建的节点指针保存到头表对应项的 $link$ 中，节点上数字表示该节
　　　　点的支持数；图 2.1（c）是前两个事务项集添加到树上后的结果；当第
　　　　三个事务项集{a，b，c，d}往树上添加的时候，由于可以和路径 root-a-
　　　　c-d 共享节点 a 和 c，所以只需将已存在的两个节点的支持数增加 1，然
　　　　后将剩余的项依次添加到节点 c 的子孙中，图 2.1（d）是前三个事务项
　　　　集添加到树上后的结果；图 2.1（e）是所有事务项集添加到树上后的结
　　　　果（为了能使 FP-Tree 看起来清晰，图 2.1（e）中没有标识头表中 $link$

的信息)。

步骤3 从头表 H 的最后一项开始依次处理每一项，如头表 H 中的最后一项 d，首先将该项添加到初始值为空的基项集 *base-itemset* 中，即 *base-itemset*= {d}；从头表 H 中的 *link* 信息中可以找到项 d 在 FP-Tree 上的所有节点，扫描每个节点 d 到根节点路径，统计出现的所有项及项的支持数，其中同一路径上所有项的支持数都为该路径上节点 d 的支持数，将统计的结果保存到同头表 H 结构相同的一个新头表 $subH_d$（该头表也称为子头表），同样该子头表中仅仅保存支持数大于等于最小支持数3的项，同时头表中所有项按支持数从小到大排序，新创建的头表 $subH_d$ 如图2.2（a）所示；再次扫描所有节点 d 到根节点的路径，将路径上的所有项按子头表 $subH_d$ 的顺序排序，同时删除不在子头表中的项，然后将有序的项集和支持数（所有项的支持数都等于节点 d 的支持数）添加到一棵子树 $subH_d$（该树也称为当前基项集 {d} 的条件子树，简称子树），如图2.2（b）所示；按照以上处理方法递归处理子头表 $subH_d$ 和子树 $subT_d$，分别能得到两个新的基项集 {dc}、{dca}、{db}、{dba} 和 {da}，图2.2（c）是项集 {dc} 的子树和子头表。

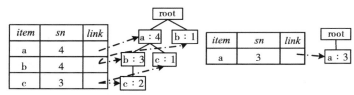

item	sn	link
a	4	
b	4	
c	3	

（a）头表 $subH_d$

item	sn	link
a	4	
b	4	
c	3	

（b）项集{d}的子FP-Tree $subH_d$

item	sn	link
a	3	

（c）项集{dc}的条件FP-Tree $subT_{dc}$

图2.2 子（条件）FP-Tree和子头表

步骤4 从当前基项集 *base-itemset* 中删除当前处理的项。

步骤5 继续处理当前被处理头表的下一项。

FP-Growth 算法的步骤可以简述如下：

步骤1 扫描数据集，创建头表 H，如图2.1（a）中头表。

步骤2 扫描数据集，创建FP-Tree，如图2.1（e）中的FP-Tree。

步骤3 依次处理头表 H 中所有项（从最后一项开始，假设当前处理的项为Q）：

步骤3.1 将当前处理项 Q 添加到一个初始值为空的基项集（每新产生一个基项集，即为一个新频繁项集）。

步骤3.2 扫描 FP-Tree 上所有节点 Q 到根节点路径，构建一个子头表 $subH_Q$，构建子头表的具体方法如上例中子头表 $subH_d$ 的构建（图 2.2（a））。

步骤3.3 如果子头表 $subH_Q$ 不为空，则为基项集构建一棵条件子树 $subT_Q$，具体构建方法如上例中条件子树 $subT_d$ 的构建，否则执行步骤 4。

步骤3.4 按照处理头表 H 的方法，递归处理子头表 $subH_Q$ 和子树 $subT_d$。

步骤4 将当前处理的项从基项集中删除。

步骤5 处理当前处理头表的下一项。

2.2.3 COFI 算法

COFI 算法同 FP-Growth 一样，通过两遍数据集的扫描，创建一个头表 H 和一棵 FP-Tree。接下来，就不像 FP-Growth 那样递归处理建好的树和头表，COFI 是通过为头表中每一项构建一棵 COFI-Tree 来挖掘包含该项的所有频繁项集，下面以表 2.1 的数据为例来说明 COFI 算法的挖掘步骤。

步骤1 通过两遍数据集的扫描，构建了头表 H 和 FP-Tree，如图 2.3（a）、（b）所示，这里的头表和 FP-Tree 同图 2.1（a）、（e）中的相同。

步骤2 从头表 H 的最后一项开始依次处理每项，扫描图 2.3（b）中所有节点 d 到根节点 root 路径，统计出现项的支持数，得到图 2.3（c）中的头表 $subH_d$。

步骤3 如果头表 $subH_d$ 不为空，按如下的子步骤创建一棵以 d 为根的 COFI-Tree；否则执行步骤 5。

步骤3.1 扫描图 2.3（b）中所有节点 d 到根节点 root 的路径，将每个路径上所有项取出来（路径上取出的所有项记为项集 X）。

步骤3.2 将项集 X 中不频繁的项（不在头表 $subH_d$ 中的项）删除。

步骤3.3 按头表 $subH_d$ 的顺序排列项集 X 中所有的项。

步骤3.4 将有序的项集 X 添加到一棵以 d 为根的 COFI-Tree 上。

按步骤 3.1~3.3 处理完所有包含节点 d 的路径后，得到 4 个项集：{a，c}、{b，a}、{b，a，c}和{b}，前 3 个的支持数都为 1，最后一个是 2；用这 4 个有序的项集所创建的以d为根的COFI-Tree，如图2.3（c）的树$subT_d$所示，树上每个节点记录2个数值：一个是节点的总支持数，一个是节点参与支持数（该支持数是在挖掘过程中使用，初始值为0）。

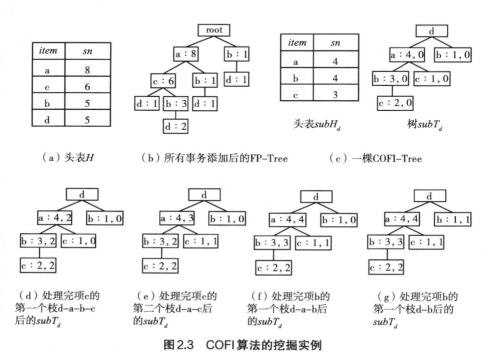

（a）头表H　　　（b）所有事务添加后的FP-Tree　　　（c）一棵COFI-Tree

（d）处理完项c的　　（e）处理完项c的　　（f）处理完项b的　　（g）处理完项b的
第一个枝d-a-b-c　　第二个枝d-a-c后　　第一个枝d-a-b后　　第一个枝d-b后的
后的$subT_d$　　　　的$subT_d$　　　　的$subT_d$　　　　$subT_d$

图2.3　COFI算法的挖掘实例

步骤4　挖掘以d为根的COFI-Tree，挖掘的步骤如下：

步骤4.1　依次处理头表$subH_d$中的每一项，从头表的最后一项c开始处理，树$subT_d$上有两个路径上包含节点c，依次处理每个路径：①将第一个路径d-a-b-c上的所有节点的参与支持数（节点上记录的第二个数）增加2（2是该路径上节点c的支持数），如图2.3（d）上的路径d-a-b-c所示，同时取出路径上所有项，即ab和c；②用这些项组合产生了一个项集的集合CS，该集合中每个项集的支持数都为节点c的支持数，即CS={a：2，ab：2，ac：2，abc：2，b：2，bc：2，c：2}；③将项d添加到该集合的每个元素中，CS={ad：2，abd：2，acd：2，abcd：2，bd：2，bcd：2，cd：2}。

步骤4.2 依次处理包含节点 c 的另外一路径 d-a-c：①将该路径上所有节点的参与支持数都增加 1（1 是该路径上节点 c 的支持数），如图 2.3（e）上的路径 d-a-c 所示，同时取出该路径上所有项 a 和 c；②用这些项组合产生了一个项集的集合 $CS0$，该集合中每个项集的支持数都为节点 c 的支持数，即 $CS0 =\{a: 1, ac: 1, c: 1\}$；③将项 d 添加到该集合的每个元素中，$CS0=\{ad: 1, acd: 1, cd: 1\}$；④将 $CS0$ 中每个元素合并到 CS 中，如果元素存在，则将对应元素（项集）的支持数累加到 CS 相应的元素中，合并后的 $CS=\{ad: 3, abd: 2, acd: 3, abcd: 2, bd: 2, bcd: 2, cd: 3\}$。

步骤4.3 依次处理头表 $subH_d$ 的第二项 b，树 $subT_d$ 上有两个路径上包含节点 b，依次处理这两个路径：①在第一个路径 d-a-b 上，节点 b 的支持数和参与支持数之差是 1，即大于 0，所以可以进一步对该路径进行处理；②将该路径上所有节点的参与支持数都增加 1（1 是该路径上节点 b 的支持数和参与支持数之差），如图 2.3（f）上的路径 d-a-b，同时取出该路径上项 a 和 b；③用这些项组合产生了一个项集的集合 $CS0$，每个项集的支持数都为节点 b 的支持数和参与支持数之差，即 $CS0=\{a: 1, ab: 1, b: 1\}$；④将项 d 添加到该集合的每个元素中，$CS0=\{ad: 1, abd: 1, bd: 1\}$；⑤将 $CS0$ 中每个元素合并到 CS 中，如果元素存在，则将对应元素（项集）的支持数累加到 CS 相应的元素中，合并后的 $CS=\{ad: 4, abd: 3, acd: 3, abcd: 2, bd: 3, bcd: 2, cd: 3\}$。

步骤4.4 处理包含节点 b 的第二个路径 d-b，节点 b 的支持数和参与支持数的差是 1，大于 0，所以可以进一步对该路径进行处理：①将该路径上所有节点的参与支持数都增加 1（1 是该路径上节点 b 的支持数和参与支持数之差），如图 2.3（f）上的路径 d-b，同时取出该路径上项 b；②用这些项组合产生了一个项集的集合 $CS0$，每个项集的支持数都为节点 b 的支持数和参与支持数之差，即 $CS0=\{b: 1\}$；③将项 d 添加到该集合的每个元素中，$CS0=\{bd: 1\}$；④将 $CS0$ 中每个元素合并到 CS 中，如果元素存在，则将对应元素（项集）的支持数累加到 CS 相应的元素中，合并后的 CS= {ad：4，abd：3，acd：3，abcd：2，bd：4，bcd：2，cd：3}。

步骤4.5　按照步骤4.3和步骤4.4的方法处理头表 H_d 中下一项a，处理完之后，树 T_d 如图2.3（g）所示，CS={ad：4，abd：3，acd：3，abcd：2，bd：3，bcd：2，cd：3}。

步骤4.6　直到处理完 $subH_d$ 中的所有项之后，将 CS 中支持数大于等于3的项集添加到频繁项集FI中，清空项集 CS。

步骤5　回到步骤2处理头表 H 中的下一项，直到处理完所有项为止。

2.3 基于滑动窗口的数据流频繁模式挖掘算法

在基于滑动窗口的数据流频繁项集挖掘算法中，算法的时间效率主要受两方面的影响：窗口中数据的更新效率和窗口中频繁项集挖掘效率。在已有工作[69，73，165-167]基础上，并受其启发，本章介绍一种新的树结构TPT-Tree（Tail Pointer Table Tree）来维护窗口中的数据，使其加快窗口中数据更新效率；相应地，也介绍一种挖掘算法TPT来挖掘窗口中的频繁项集。

2.3.1 相关定义及问题描述

设 D={t_1，t_2，t_3，…，t_n}是一个由 n 个事务组成的事务数据集，其中 t_j（j=1，2，3，…，n）表示数据集中第 j 个事务项集（j 可以称为事务项集的ID，简称TID），每个事务项集是由不同的项组成的；数据集 D 包含 m 个不同的项，记为 I_d= {i_1，i_2，…，i_m}，其中每个事务项集都是 I_d 的子集，即 $t_j \subseteq I_d$；数据集 D 中事务的总数也可以用|D|来表示。一个包含 k 个项的集合称为 k-项集，k 称为该项集的长度。

定义 2.1　最小支持度（Minimum Support Threshold）和最小支持数（Minimum Support Number）

最小支持度是用户给定的一个阈值 $minSup$（0<$minSup$≤1）；最小支持数 $minSN$ 是最小支持度与数据集中事务总数的乘积，即 $minSN$=$minSup$×|D|。

定义 2.2　项集的支持数

在一个数据集中，一个项集 X 的支持数（SN）是指数据集中包含项集 X 的事务项集个数。

定义 2.3 频繁项集/频繁模式（Frequent Itemset/Frequent Pattern）

在一个数据集中，如果一个项集的支持数大于等于最小支持数，则该项集就是一个频繁项集，也称为频繁模式。

一个数据集中频繁项集的挖掘问题就是发现该数据集中支持数大于等于最小支持数的所有项集。

定义 2.4 最大频繁项集/最大频繁模式（Maximal Frequent Itemset/Maximal Frequent Pattern）

如果一个项集的任一个超集都不是频繁项集，则该项集就称为一个最大频繁项集，也称为最大频繁模式。

性质 2.1 传统数据集上的频繁项集的闭包属性

任一个频繁项集的非空子集都是频繁项集，非频繁项集的任一个超集都不是频繁项集[1]。

设 $DS=\{t_1, t_2, t_3, \cdots, t_n, \cdots\}$ 是一个数据流，其中 t_j（$j = 1, 2, 3, \cdots$）表示数据流中第 j 个到达的事务项集；设数据流 DS 中共包含 m 个不同的项，记为 $I_{ds} = \{i_1, i_2, i_3, \cdots, i_m\}$，其中每个事务项集都是 I_{ds} 的子集，即 $t_j \subseteq I_{ds}$。

设一个滑动窗口包含 w 批数据，每批数据中包含 p 个事务项集，即一个滑动窗口中事务项集个数为 $w \times p$。

定义 2.5 滑动窗口的最小支持数

滑动窗口的最小支持数（$wMSN$）是指用户预定义的最小支持度（$minSup$）与窗口中事务总数的乘积，即 $wMSN = minSup \times w \times p$。

定义 2.6 滑动窗口中的频繁项集

在一个滑动窗口中，如果一个项集的支持数大于等于滑动窗口的最小支持数，则该项集就是该窗口中的一个频繁项集。

基于滑动窗口的数据流中频繁项集挖掘问题实际上就是根据用户的需求，挖掘出滑动窗口中的所有频繁项集。

定义 2.7 尾节点、一般节点和节点的路径项集

当一个项集 X 添加到一棵树上时，表示项集 X 最后一项的节点称为项集 X 的尾节点；表示项集 X 中其余项的节点称为项集 X 的一般节点；项集 X 也称为尾节点的路径项集。

定义 2.8　虚拟节点

在一棵树上，一个节点有父节点，但该父节点的孩子节点中没有该节点，则该节点称为虚拟节点。

2.3.2 算法描述

算法 TPT 由三部分组成：TPT-Tree 的构造；窗口中数据的更新；窗口中频繁模式集的挖掘。

1. TPT-Tree 的构造

TPT-Tree 树上包含 2 类节点：尾节点和一般节点，节点的结构如图 2.4 所示，其中 *Parent* 记录父节点，*Children list* 记录所有的孩子节点，N 记录节点的项名，S 记录节点的支持数，C 记录尾节点的支持数（只有尾节点上记录该支持数）。

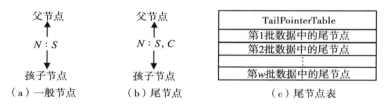

图 2.4　树 TPT-Tree 的节点结构

N—节点名；S—总支持数；C—尾节点支持数；w—窗口中批数（窗口宽度）。

为了能更清晰地与 DST-Tree[92] 和 CPS-Tree[95] 的两种树结构做对比，图 2.5 中列出这两种树的节点结构，其中"同名下一节点"记录树上节点名相同的下一个节点，P 记录节点在滑动窗口的每批数据中的支持数，L 记录更新节点的批次。下面将通过一个例子来对 3 种树的构建过程进行对比说明。

图 2.5　DST-Tree 和 CPS-Tree 上节点结构

N—节点名；S—总支持数；L—最后更新批次；

P—pane-counter $[V_1, V_2, \cdots, V_w]$（V_i—第 i 批中的支持数；w—窗口中的总批数）。

图 2.6（a）是一个数据流的实例，这里用这个实例来说明 DST-Tree、CPS-Tree 和 TPT-Tree。这三种树的构建都是用来维护滑动窗口中的数据，这里设定每个窗口中有三批数据，每批数据中包含三个事务项集。图 2.6（b）是前三批数据（前九个事务）添加到一棵 DST-Tree 树后的结果，节点上记录的前三个数值分别是节点在三批数据中的支持数，最后一个数值是更新该节点的批次。图 2.6（c）是前四批数据添加到 DST-Tree 树后的结果。图 2.6（d）是前三批数据添加到一棵 CPS-Tree 树后的结果，其中该树上有两种不同的节点：一般节点上只记录节点支持数；另外一种节点是尾节点，该节点上记录四个数值，第一个是节点支持数，后三个数值分别是节点在最近四批数据中的支持数。图 2.6（e）是第四批数据添加到 CPS-Tree 树后的结果。图 2.6（f）是前三批数据添加到一棵 TPT-Tree 树后的结果，其中该树上也有两种不同的节点：一般节点上只记录节点支持数，并且初始值都为 0；另一种节点是尾节点，该节点上记录两个数值，第一个数值是节点支持数（同第一种节点记录的支持数，初始值为0），第二个数值是尾节点支持数。图 2.6（g）是第四批数据添加到 TPT-Tree 树后的结果。

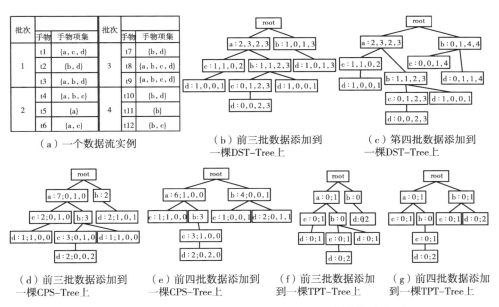

图2.6 DST-Tree、CPS-Tree 和 TPT-Tree 树的构建实例

从以上三种树的节点结构来看，TPT-Tree上节点记录的数值个数最少，同时在添加新来一批数据之前，TPT-Tree和CPS-Tree都会将老的数据从树上删除，DST-Tree在挖掘频繁模式的时候才会将老数据从DST-Tree上删除，但是CPS-Tree在添加新数据的时候，会将CPS-Tree树上的节点重新调整顺序：按当前项的支持数以从大到小的顺序来排序。

2. 窗口中数据的更新

当新来一批数据的时候，算法TPT会首先将窗口中最老批次的数据从树上删除，然后再将新来的一批数据添加到树上。

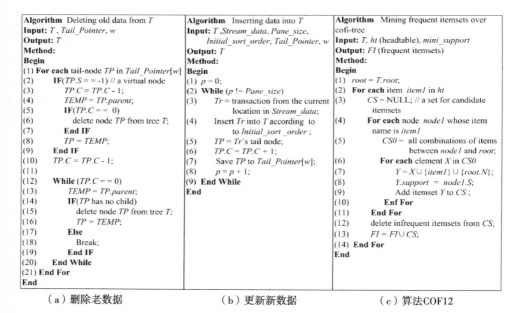

|（a）删除老数据|（b）更新新数据|（c）算法COF12|

图2.7　TPT算法及COFI2算法

图2.7（a）是从TPT树上删除老数据的算法。从尾节点表中找到最老批数据对应的所有尾节点（算法中第1行）；依次处理所有的尾节点，如果被处理的尾节点是虚拟节点（算法中，如果一个节点是虚拟节点，则将该节点上的字段S赋值为-1做标记），则将该节点及父节点的尾节点支持数（节点上C，算法中的（3）～（10）行）都减去1；接下来判断被处理的这个尾节点的父节点，如果父节点上尾节点支持数是0，并且该节点只有一个孩子节点，则将该父节点

也从树上删除；如果一个父节点被删除，则循环地判断被删除节点的父节点是否也可以被删除（算法中（12）~（20）行）。

图 2.7（b）是将新来数据更新到当前窗口中的算法。新来的每条事务项集都会被添加到同一棵 TPT-Tree 上，添加的方法同图 2.6（f）和图 2.6（g），每增加一条事务项集，其尾节点的支持数需要增加 1（算法中第（6）行），同时将每个事务项集对应的尾节点添加到尾节点表中。

3. 频繁模式挖掘算法

为了提高滑动窗口中频繁模式挖掘效率，TPT 算法在执行挖掘频繁模式之前，会将 TPT-Tree 重新构造，将每个路径上的所有节点对应的项都按支持数从大到小重新排序，TPT-Tree 的重构方法主要采用文献［168，169］中的方法，但是当一个尾节点 A 合并到另外一个尾节点 B 的时候，采用如下方法：①节点 A 上尾节点支持数累加到节点 B 的尾节点支持数上；②将节点 A 转化为一个虚拟节点（将节点 A 转化为一个虚拟节点，而不是删除，目的是为在删除老数据的时候，能从尾节点表中还能找到该节点）。图 2.8 是 TPT-Tree 的重构算法。

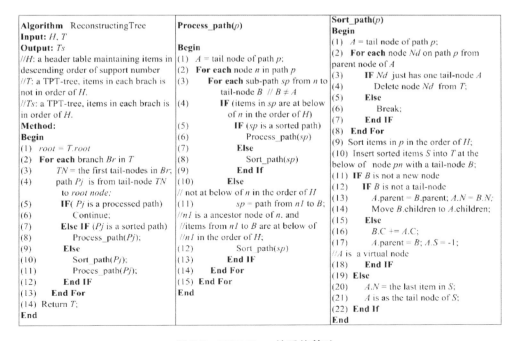

图 2.8　TPT-Tree 的重构算法

TPT-Tree 重构以后，可以利用 FP-Growth 或者 COFI 算法来挖掘频繁模式，本书介绍一种 COFI 算法的改进算法（记为 COFI2）来挖掘频繁模式。在文献 [19] 的实验中，COFI 算法的空间效能优于算法 FP-Growth，在最小支持度设定的比较小的情况下，COFI 算法的时间性能也优于 FP-Growth。尽管在一些情况下，COFI 有较好的时空性能，但是 COFI 算法一次产生的候选项集个数比较多，同时一个候选项集产生以后，维护的时间比较长，因此这些因素影响算法挖掘时空效率，针对这些影响因素，本书对 COFI 算法进行改进，使尽可能晚地产生候选项集，尽可能早地将候选项集删除掉。

COFI2 的算法如图 2.7（c）所示，该算法在处理头表中每项的时候，只产生包含该项及树根节点项的项集（算法中（5）~（10）行），并且在处理完该项后，就可以将非频繁项集删除（算法（12）行）；同时在 COFI2 算法中，CO-FI-Tree 上每个节点只需要一个总支持数即可，但是在 COFI 中，树的每个节点需要记录两个不同的支持数。

2.3.3 算法分析

表 2.2 详细比较了三种算法的数据更新过程，从中也可以看出 CPS 过程最为复杂，当添加新数据到树上的时候，需要先将树重构一遍，并且每个节点上都要修改总的支持数，以及修改尾节点上每批数据对应的支持数；当删除老数据的时候，需要遍历一遍树来找出所有的老数据，而 TPT 算法只需通过尾节点表就可以找到树上的老数据。

表 2.2　三种算法 DST、CPS 和 TPT 数据更新的区别

算法	更新新数据	删除老数据
DST/DSP	（1）排列事务项集中的项； （2）将有序的事务项集添加到一棵树上，并且修改每个节点在每批数据上的支持数； （3）修改每个节点上最后被更新的批次	
CPS	（1）树上所有节点重新排序； （2）排列事务项集中的项； （3）将有序的事务项集添加到一棵树上，修改每个节点上总支持数； （4）修改节点在每批数据上的支持数	遍历树来删除老数据

算法	更新新数据	删除老数据
TPT	（1）排列事务项集中的项； （2）将有序的事务项集添加到一棵树上，仅仅修改尾节点的支持数； （3）添加尾节点到尾节点表中	通过尾节点表来修改尾节点的支持数

表 2.3 列出了算法 COFI 和 COFI2 的主要区别，主要区别有两点：①产生候选项集的方式不同，COFI2 每次产生的候选项集的个数比较少，并且每处理完树上的一项以后，候选项集的集合就可以清空，而 COFI 总是在处理完一棵树以后，才清空候选项集的集合，因此在每次产生新的候选项集的时候，COFI 会花费更多的时间来更新候选项集的集合；②在 COFI2 算法中，COFI-Tree 上每个节点只需要记录一个支持数。综上，COFI2 的时空性能理论上会优于 COFI。

表 2.3　算法 COFI 和 COFI2 的区别

算法	产生候选项集之间的区别	COFI-Tree 之间的区别
COFI	（1）当处理一个节点的时候，该节点到根节点路径上所有项做组合，所有包含根节点项的组合作为候选项集； （2）新产生的候选项集添加到候选项集集合中，如果存在，只更新集合中对应项集的支持数，否则添加到集合中； （3）处理完一棵 COFI-Tree，候选项集集合即可清空	每个节点记录两个支持数：总支持数和参与支持数
COFI2	（1）当处理一个节点的时候，该节点到根节点路径上所有项做组合，所有包含根节点项和当前处理节点项的组合作为候选项集； （2）新产生的候选项集添加到候选项集集合中，如果存在，只更新集合中对应项集的支持数，否则添加到集合中； （3）当处理完同一项的所有节点后，候选项集集合即可清空	每个节点只记录总支持数

2.3.4 实验及结果分析

实验采用三个典型数据集：Connect、Kosarakt 和 T40.I10.D100K，数据集 Connect 比较稠密，另外两个是稀疏数据集；T40.I10.D100K 是由 IBM 数据产生器生成的，其他两个数据集都是真实的数据集；本书还将 Connect 的前 20 维数据取出来作为一个新的稠密数据集（记为 Connect20）。

算法 TPT（TPT-Tree 和 COFI2）和 DST（DST-Tree 和 COFI）做了实验对比，两个算法都是采用 Java 编程语言实现。测试平台：Windows XP 操作系统，2GB 内存 Intel（R） Core（TM） i3-2310 CPU @ 2.10 GHz；Java 虚拟内存设置是 1GB。

图 2.9 是两个算法在不同最小支持度下的运行时间对比，最小支持度越小，数据集中产生的频繁项集越多，因此随着最小支持度变小，算法挖掘频繁模式的速度会变慢。从图 2.9 中可以看出，算法 TPT 的运行时间优于算法 DST，例如，

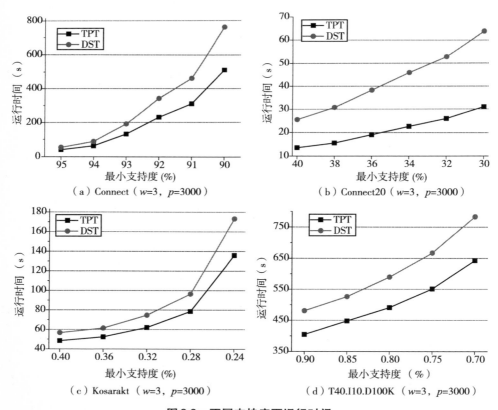

（a）Connect（$w=3$, $p=3000$）　（b）Connect20（$w=3$, $p=3000$）

（c）Kosarakt（$w=3$, $p=3000$）　（d）T40.I10.D100K（$w=3$, $p=3000$）

图 2.9　不同支持度下运行时间

在数据集Connect上，当最小支持度为90%，TPT需要510.141s，而算法DST需要761.578s，主要原因是算法TPT中窗口数据更新的速度和频繁模式挖掘的速度都优于DST。

　　图2.10是两个算法在不同批次数据下的运行时间对比，从中可以发现，随着数据量的增加，两个算法运行时间的差距也越大。在图2.10的四个数据集实验中，每个中窗口包含三批数据，其中每批数据又包含3000个事务，因此数据集Connect、Connect20、Kosarakt和T40I10D100K分别被分为23、23、330和33批，每滑动一次窗口，频繁模式挖掘就执行一次，这四个数据分别执行了21、21、328和31次频繁模式挖掘，因此随着数据流中数据量的增加，两个算法的运行时间差距会更大。

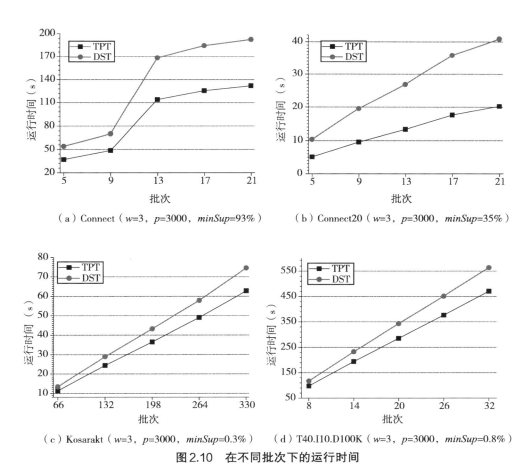

（a）Connect（w=3，p=3000，$minSup$=93%）　　（b）Connect20（w=3，p=3000，$minSup$=35%）

（c）Kosarakt（w=3，p=3000，$minSup$=0.3%）　　（d）T40.I10.D100K（w=3，p=3000，$minSup$=0.8%）

图2.10　在不同批次下的运行时间

图2.11测试了每批数据量发生变化的情况下，两个算法运行时间的对比。从图2.11中可以看出，随着每批数据量的增加，两个算法的运行时间都会增加，主要原因是这里测试的四个数据集的数据量都是固定的，当每批数据量增加的时候，执行频繁模式挖掘的次数减少，因此这里总的运行时间会随每批数据量的增加而减少。

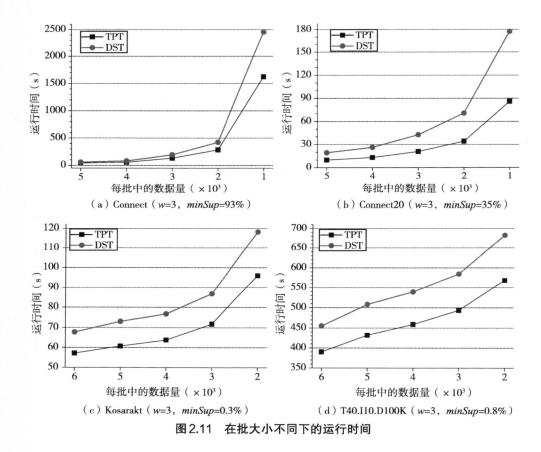

图2.11　在批大小不同下的运行时间

由以上三个实验和2.2.3节的算法分析可以发现，算法TPT在性能上优于算法DST。

2.4 本章小结

本章首先介绍一个基于滑动窗口的数据流的频繁模式挖掘算法，该算法从两个方面来提高挖掘的效率：一方面是通过TPT-Tree树和尾节点表来提高窗口中数据更新的效率；另外通过改进COFI算法，使其尽可能晚地产生候选项集，尽可能早地识别出候选项集中的非频繁项集，并将非频繁项集从候选项集中删除；然后结合TPT-Tree，将改进的算法用于滑动窗口的频繁模式挖掘中。最后采用四个典型数据集（包括稀疏和稠密数据集）来验证本节介绍的新算法，并采用不同实验参数，包括改变最小支持数、窗口大小和批大小，实验结果表明2.3节介绍的算法在不同的实验参数下都能取得较好的效果。

第3章　不确定数据集上的频繁模式挖掘算法

3.1 引言

传统频繁模式挖掘算法处理的数据集包含的数据信息都是确定的，然而，很多实际的应用需要处理不确定数据集（uncertain dataset），这些数据集中每项的取值不能百分之百地确定，而是存在一定的概率。例如，一些疾病不能通过某些特征就能百分之百地确定，而被确认的疾病都存在一个概率值，通过 RFID 或者 GPS 获取的目标位置都有误差[101, 102]，用商业网站或历史数据中挖掘到的购物习惯来预测某些顾客下一步购买的商品都存在一定的不确定性。

表3.1是一个不确定数据集的例子，其中每条记录表示一位顾客未来可能要购买的商品，以及购买这些商品的概率值。如表3.1中的第一条事务 t_1 表示客户将来购买商品a、b、d和f的概率分别是80%、70%、90%和50%。

表 3.1　不确定数据集实例

事务	事务项集
t_1	(a : 0.8), (b : 0.7), (d : 0.9), (f : 0.5)
t_2	(c : 0.8), (d : 0.85), (e : 0.4)
t_3	(c : 0.85), (d : 0.6), (e : 0.6)
t_4	(a : 0.9), (b : 0.85), (d : 0.65)
t_5	(a : 0.95), (b : 0.7), (d : 0.8), (e : 0.7)
t_6	(b : 0.7), (c : 0.65), (f : 0.45)

随着不确定数据集的不断涌现，从不确定事务数据集中挖掘频繁项集也成为数据挖掘领域中的一个重要课题[103-122, 125, 170-172]。已存在的挖掘算法主要采用两种方法挖掘频繁项集：逐层挖掘方法（level-wise）和模式增长方法（pattern-growth)。逐层挖掘方法每产生一层频繁模式集，就需要扫描一遍数据集来统计每个候选项集的真实的期望支持数，因此这些算法都要多次扫描数据集及产生大量候选项集。模式增长算法不能创建一棵像FP-Tree一样紧凑的树，因此它们都需要更多的空间和时间来处理所创建的树节点。算法 UFP-Growth[125]采用 FP-Growth 的方式创建了一棵紧凑的树 UFP-Tree，但是它不能从树上直接挖掘到频繁项集，而是先从树上挖掘到候选项集，然后通过扫描数据集和候选项集来确认频繁项集。综上，已存在算法的时间效率还比较低，有待进一步提高。

针对以上问题，在已有频繁模式算法工作[73、165-167]的基础上，本章介绍一种树结构 AT-Tree（Array based Tail node Tree）来有效地压缩不确定事务项集；并且介绍一种相应的挖掘算法 AT-Mine。通过两遍数据集的扫描，算法 AT-Mine 可将事务项集压缩到一棵和 FP-Tree 树一样紧凑的 AT-Tree 树上；AT-Mine 只需要扫描 AT-Tree 就可以挖掘到所有的频繁模式集，不需要再扫描原始的事务数据集；并相应介绍一种数据流上的挖掘算法 SUF-FIM。

另外不确定频繁模式挖掘没有考虑到不确定数据集中每项有不同的权重值，因此会丢失一部分期望支持数比较小、但权重值比较大的模式，因此本章也介绍一种基于权重的不确定频繁数据流模式挖掘算法。

3.2 不确定静态数据集上频繁模式挖掘算法

3.2.1 相关定义与问题描述

设 $D_{un}=\{t_1, t_2, \cdots, t_n\}$ 是一个不确定事务数据集，该数据集有 n 个事务项集，并包含 m 个不同的项，即 $I_{un} = \{i_1, i_2, \cdots, i_m\}$。每个事务项集可以表示为 $\{(i_1: p_1), (i_2: p_2), \cdots, (i_v: p_v)\}$，其中 $\{i_1, i_2, \cdots, i_v\}$ 是项集 I_{un} 的一个子集，并且 p_u（$1 \leq u \leq v$）是事务项集中项 i_u 的概率。$|D_{un}|$ 表示数据集 D_{un} 的大小，包含 k 个不同项的项集，称为 k-项集（k-itemset），k 是项集的长度。

定义 3.1 事务 t 中项 i_u 的概率记为 $p(i_u, t)$，即

$$p(i_u, t) = p_u \tag{3.1}$$

例如，以表 3.1 中数据为例，$p(a, t_1) = 0.8$，$p(b, t_1) = 0.7$，$p(d, t_1) = 0.9$，$p(f, t_1) = 0.5$。

定义 3.2 事务 t 中的项集 X 的概率记为 $p\,(X,\,t)$，定义为

$$p\,(X,\,t) = \prod_{i_u \in X \wedge X \subseteq t} p\,(i_u,\,t) \tag{3.2}$$

例如，以表 3.1 中数据为例，$p\,(\{a,\,b\},\,t_1) = 0.8 \times 0.7 = 0.56$，$p\,(\{a,\,b\},\,t_4) = 0.9 \times 0.85 = 0.765$，$p\,(\{a,\,b\},\,t_5) = 0.95 \times 0.7 = 0.665$。

定义 3.3 在不确定事务数据集 D_{un} 中，项集 X 的期望支持数记为 $ExpSN$ (X)，定义为

$$ExpSN\,(X) = \sum_{t \in D_{un} \wedge t \supseteq X} P\,(X,\,t) \tag{3.3}$$

例如，以表 3.1 中数据为例，$ExpSN\,(\{a,\,b\}) = p\,(\{a,\,b\},\,t_1) + p\,(\{a,\,b\},\,t_4) + p\,(\{a,\,b\},\,t_5) = 0.56 + 0.765 + 0.665 = 1.99$。

定义 3.4 设 $minExpSup$ 为用户预定义的最小期望支持阈值（Minimum expected support threshold），则最小期望支持数 $minExpSN$ 定义为

$$\min ExpSN = \min ExpSup \times |D_{un}| \tag{3.4}$$

在文献［109-122，125］中，如果项集 X 的期望支持数不小于预定义的最小期望支持数 $minExpSN$，则该项集就是一个频繁项集。不确定数据集中的频繁项集挖掘就是发现期望支持数不小于最小支持数的所有项集。

定义 3.5 项集 X 出现在 k（$0 \leq k \leq |D_{un}|$）个事务中的概率记为 $P_k(X)$，由概率论可知 $P_k(X)$ 为

$$P_k(X) = \sum_{S \subseteq D_{un} \wedge |S| = k} \left(\prod_{t \in S} P\,(X,\,t) \times \prod_{t \in (D_{un} - S)} (1 - P\,(X,\,t)) \right) \tag{3.5}$$

例如，以表 3.1 中数据为例，$P_2\,(\{a,\,b\}) = p\,(\{a,\,b\},\,t_1) * p\,(\{a,\,b\},\,t_4) * (1 - p\,(\{a,\,b\},\,t_5)) + p\,(\{a,\,b\},\,t_1) * p\,(\{a,\,b\},\,t_5) * (1 - p\,(\{a,\,b\},\,t_4)) + p\,(\{a,\,b\},\,t_4) * p\,(\{a,\,b\},\,t_5) * (1 - p\,(\{a,\,b\},\,t_1)) = 0.454867$；$P_3\,(\{a,\,b\}) = p\,(\{a,\,b\},\,t_1) * p\,(\{a,\,b\},\,t_4) * p\,(\{a,\,b\},\,t_5) = 0.284886$。

定义 3.6 项集 X 出现在不小于 k（$0 \leq k \leq |D_{un}|$）个事务中的概率称为支持数概率，记为 $P_{\geq k}(X)$，定义如下：

$$P_{\geq k}(X) = \sum_{S \subseteq D_{un} \wedge |S| \geq k} \left(\prod_{t \in S} P\,(X,\,t) \times \prod_{t \in (D_{un} - S)} (1 - P\,(X,\,t)) \right) \tag{3.6}$$

例如，以表3.1中数据为例，$P_{\geq 2}(\{a, b\}) = P_2(\{a, b\}) + P_3(\{a, b\}) + P_{\geq 4}(\{a, b\}) = 0.454867 + 0.284886 + 0 = 0.739753$。因为数据集中只要3个事务项集包含$\{a, b\}$，所以$P_{\geq 4}(\{a, b\}) = 0$。

在文献［170-172］中，如果一个项集的支持数概率不小于预定义的最小支持数概率，并且项集的支持数也不小于预定义的最小支持数，则该项集称为频繁项集。

3.2.2 AT-Mine算法

AT-Mine 主要由两部分组成：①创建树 AT-Tree；②从 AT-Tree 中挖掘频繁项集。

1. AT-Tree 的构建

AT-Tree 的构建和 FP-Tree[5]的节点结构不同，但是两棵树的构建方法相同。AT-Tree 的构建也需要两次数据集扫描。在第一次数据集扫描中，将频繁一项集按支持数从大到小地存储到一个头表中。在第二次扫描中，删除每个事务项集中不频繁的项；按头表中项的顺序排列事务项集中的项；先将有序的事务项集对应的每项概率存储到一个数组 A 中，然后再将数组 A 添加到另一个数组 B 中（即数组 B 中的元素是数据 A），并记录数组 A 在数组 B 中的下标 ID；将有序的事务项集添加到树 AT-Tree 上，并将其对应的数组下标 ID 及事务项集长度和支持数保存到尾节点上（将数组 A 定义为事务概率数组；数组 B 定义为数据集概率数组）。

AT-Tree 的节点结构如图 3.1 所示。树上有两种结构：一般节点和尾节点。一般节点的结构如图 3.1（a）所示，*Name* 记录节点的项名称，*Parent* 记录父节点，*Children list* 记录所有的孩子节点；尾节点的结构如图 3.1（b）所示，*Tail_info* 记录项集信息，其包含四个字段：① bp 是一个数值列表，存储基项集在尾节点路径项集上的概率值（详见下文的子 AT-Tree 构建过程）；② *len* 记录尾节点的路径项集的长度；③ Item_ind 是一个数值列表，存储路径项集中各项在相应事务概率数组中的下标；④ Pro_ind 是一个数值列表，存储相应事务概率数组在数据集概率数组中的下标。

（a）一般节点　　　　　（b）尾节点

图3.1　AT-Tree的节点结构

全局AT-Tree是一棵存储全部事务项集信息的树，在给定的不确定事务数据集D_{un}和最小期望阈值$minExpSup$的情况下，全局AT-Tree的构建步骤如下：

步骤1　计算最小期望支持数$minExpSN$，即$minExpSN = minExpSup \times |D_{un}|$。

步骤2　扫描一遍数据集，计算数据集中每项的支持数和期望支持数，并保存到一个头表H中；删除头表中期望支持数小于$minExpSN$的所有项；头表中剩余项按支持数从大到小排序。

步骤3　初始化一棵AT-Tree树T，其根节点为空。

步骤4　在第二遍数据集扫描中，并按如下的子步骤来处理每个事务项集：

　步骤4.1　删除事务项集中非频繁项（不在头表H中的项），并按头表H的顺序排序，假设得到项集X；如果项集X的长度为0，则处理下一个事务项集。

　步骤4.2　将项集X中每项的概率有序地存储到一个事务概率数组A中，并将数组A添加到另一个数据集概率数组$ProArr$中，记数组A在数组$ProArr$中的下标为ID。

　步骤4.3　将项集X添加到树T中，如果对应的尾节点N是个新节点，则尾节点N的信息：N.Tail_info.len等于项集X长度，N.Tail_info.Pro_ind = {ID}；如果对应的尾节点已经存在，则只将ID增加到已存在的N.Tail_info.Pro_ind中。

在全局树的构建过程中，所有尾节点上的字段Item_ind和bp都初始化为空（这两个字段只在子树中用）。

2. AT-Tree的构建的实例

以表3.1中的不确定数据集为例来说明一棵全局AT-Tree的创建过程（这里设定最小期望支持阈值为20%），创建的步骤如下：

步骤1 计算最小期望支持数 $minExpSN$=1.2（6*20%）。

步骤2 扫描一遍数据集，创建一个头表，如图3.2（a）所示（头表中的 $link$ 信息是在构建树的时候生成的，如图3.2（b）～（d）所示；为了使图看起来清晰，图3.2（e）中 $link$ 对应的线没被画出来）。

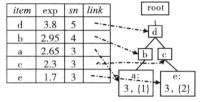

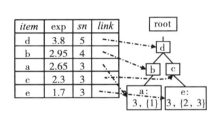

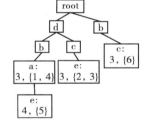

（a）头表 H （b）添加 T_1 后的树 T （c）添加前两个事务后的树 T

（d）添加前三个事务后的树 T （e）添加所有事务后的树 T

图3.2 AT-Tree 的构建

步骤3 初始化一棵 AT-Tree 树 T，根节点为空。

步骤4 按如下的子步骤来处理表3.1中的事务项集 t_1：

  步骤4.1 删除事务项集中非频繁项 f，并按头表的顺序排列事务项集中剩余项，得到有序事务项集 {dba}。

  步骤4.2 将有序事务概率数组 {0.9，0.7，0.8} 添加到数组 $ProArr$ 中，见表3.2，对应数组下标 ID=1。

表3.2 数据集概率数组 $ProArr$

ID	事务概率	ID	事务概率
1	{0.9，0.7，0.8}	4	{0.65，0.85，0.9}
2	{0.85，0.8，0.4}	5	{0.8，0.7，0.95，0.7}
3	{0.6，0.85，0.6}	6	{0.7，0.65}

步骤4.3 将有序事务项集{dba}添加到树T中，如图3.2（b）所示，尾节点a上的"3"表示项集的长度，"{1}"中的"1"指步骤4.2中的ID。

步骤5 处理事务项集t_2，得到一个有序项集{dce}，当项集被添加到树上时，可以共享已存在的路径root-d，所以只需增加一个普通节点c和一个尾节点e，如图3.2（c）所示。

步骤6 处理事务项集t_3，得到一个有序项集{dce}，当项集被添加到树上时，可以共享已存在的路径root-d-c-e，并且相应的尾节点也存在了，只需将事务概率数组在$ProArr$中的下标"3"添加到Tail_info.Arr_ind，如图3.2（d）所示。

步骤7 依次处理每个事务项集，最后得到全局树，如图3.2（e）所示。

3. 从全局树上挖掘频繁模式的算法

一棵全局AT-Tree构建好后，AT-Mine可以直接从这棵树上挖掘频繁模式，不需要再扫描原始数据集。算法AT-Mine同UF-Growth[120, 122]一样，都采用模式增长的方法；AT-Mine与UF-Growth和FP-Growth[5]的主要区别除树结构不同之外，它们统计频繁模式期望支持数或支持数的方式也不同，AT-Mine挖掘频繁模式的算法如下：

算法3.1 Mining

输入：一棵AT-Tree T，头表H，最小的期望支持数$minExpSN$。

输出：频繁模式FIs。

步骤1 从头表H最后一项开始，按以下的步骤依次处理每项（假设当前处理的项为Q）。

步骤2 将项Q添加到当前基项集base-itemset（初始值为空），每新产生一个基项集base-itemset都是一个频繁模式，将该项集添加到频繁模式FIs中。

步骤3 假设头表H中的$Q.link$包含k个节点N_1，N_2，…，N_k，然后按以下的子步骤来处理每个节点：

    步骤3.1 扫描这k个节点对应的k个路径及对应的尾节点上的尾信息，统计路径上各项的支持数以及期望支持数，得到一个子头表$subH$，如果子头表为空，则执行步骤4。

步骤3.2 创建一棵子AT-Tree *subTree*: *subTree*=CreateSubTree（*Q.link*, *subH*）。

步骤3.2 Mining（*subTree*, *subH*, *minExpSN*）。

步骤4 从当前基项集 *base-itemset* 中删除项 *Q*。

步骤5 按如下子步骤修改每个节点的尾信息：

步骤5.1 修改节点上的 Tail_info.len 值，即 Tail_info.len = Tail_info.len-1。

步骤5.2 将节点上的 Tail_info 移交给父节点。

步骤6 继续处理头表 *H* 中的下一项。

子程序：CreateSubTree

输入： *Q.link*，头表 *subH*。

输出： 一棵子 AT-Tree *subTree*。

步骤1 初始化 *subTree* 的根节点为空。

步骤2 按以下步骤处理列表 *Q.link* 中的每个节点（设当前正在处理的节点为N）。

步骤3 读取尾节点路径项集 *X*。

步骤4 从项集 *X* 中删除不在头表 *subH* 的项：如果 *X* 为空，则继续处理 *Q.link* 中的下一个节点；否则，项集 *X* 中的项按头表 *subH* 的顺序排列。

步骤5 按以下步骤将有序项集 *X* 添加到树 *subTree* 中：

步骤5.1 获取项集 *X* 中所有项在相应事务概率数组中的下标：$ord=\{d_1, d_2, \cdots, d_k\}$（$k$ 是项集的长度）。

步骤5.2 将 N.Tail_info 存为 nTail_info，然后修改 nTail_info：nTail_info.len= k；nTail_info.Item_ind=*ord*。如果 nTail_info.bp 为空，nTail_info.bp[j]等于 ProArr[nTail_info.Pro_ind[j]]中项 *Q* 的概率；否则 nTail_info.bp[j]等于 nTail_info.bp[j]与项 *Q* 在 ProList[nTail_info.Pro_ind[j]]的概率值的乘积（$j = 1, 2, \cdots$, nTail_info.Pro_ind.size；数组 *ProArr* 是在 AT-Tree 构建的子步骤4.2中创建的）。

4. 从全局树上挖掘频繁模式的实例

下面以图 3.2（e）中的 AT-Tree 树和其对应的头表 *H*（图 3.2（a））为例来说明从树上挖掘频繁模式的过程，这里的最小期望支持数为1.2。

步骤1 从头表 *H* 中最后一项 e 开始处理，将项 e 添加到当前基项集 *base-itemset*（初始值为空），即产生一个频繁模式{e}。

步骤2 按照如下的子步骤来扫描树上包含节点e的路径来创建子头表：

步骤2.1 由图3.2（e）可知，有2个路径上包含节点e。从路径root－d-b-a-e和表3.2中相应数据来计算出项集{ed}、{eb}和{ea}的期望支持数，即分别为0.56（0.7×0.8），0.49（0.7×0.7）和0.665（0.7×0.95）；从路径root-d-c-e和表3.2中的数据计算出项集{ed}和{ec}的期望支持数，即分别为0.7（0.4×0.85+0.6×0.6）和0.83（0.4×0.8+0.6×0.85）；将同一项集总的支持数以及总的期望支持数存入一个子头表中，并将期望支持数小于1.2的项删除，剩余项按支持数从大到小有序。

步骤2.2 由于项集{ed}的期望支持数大于1.2，即子头表不为空，因而可以为基项集{e}创建只有一个节点d子树（或称为条件树或前缀树），并得到一个新频繁模式{ed}。

步骤2.3 从基项集 *base-itemset* 中删除项e，并将每个节点e（图3.2（e））上的Tail-inf传递给相应的父节点，并将其节点上的Tail_info.len减1，结果如图3.3（a）所示。

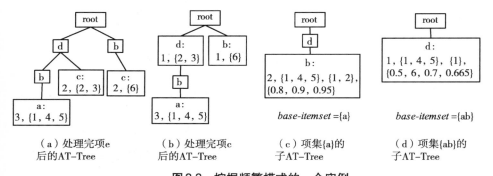

（a）处理完项e   （b）处理完项c   （c）项集{a}的   （d）项集{ab}的
后的AT-Tree   后的AT-Tree   子AT-Tree   子AT-Tree

图3.3 挖掘频繁模式的一个实例

步骤3 处理头表 *H* 中的下一项c，添加项c到基项集 *base-itemset*，并得到一个频繁模式{c}。

步骤4 按照如下的子步骤来扫描树上包含节点c的路径来创建子头表：

步骤4.1 如图3.3（a）可知，有两个路径上包含节点c。从路径root-d-c和表3.2中的相应数据计算出项集{cd}的期望支持数为1.19（0.8×

0.85+0.85×0.6);从路径root-b-c和表3.2中的相应数据计算出项集{cb}的期望支持数为0.455(0.65×0.7)。

步骤4.2 由于项集{cd}和{cb}的期望支持数小于1.2,即子头表为空,所以不需要再建子树。

步骤4.3 从基项集base-itemset中删除项c,将节点c上的Tail_info传递给相应的父节点,结果如图3.3(b)所示。

步骤5 处理头表H中的下一项a,添加项a到基项集base-itemset,并得到一个频繁模式{a}。

步骤6 按照如下的子步骤来扫描树上包含节点a的路径来创建子头表:

步骤6.1 如图3.3(b)可知,有一个路径上包含节点a。从路径root-d-b-a和表3.2的对应数据中分别计算项集{ad}和{ab}的期望支持数,即2.065(0.8×0.9+0.9×0.65+0.95×0.8)和1.99(0.8×0.7+0.9×0.85+0.95×0.7)。

步骤6.2 由于项集{ad}和{ab}的期望支持数不小于1.2,即可以构建一个非空子头表subH={d: 2.065: 3, b: 1.99: 3}。

步骤7 按以下子步骤为基项集{a}创建一个子树:

步骤7.1 初始化子树subT的根节点为空。

步骤7.2 从图3.3(b)中包含节点a的路径上获得项集{db}。

步骤7.3 按头表subH的顺序来重新排列项集{db}中的项。

步骤7.4 另存节点a上的Tail_info.Pro_ind为pro_ind(pro_ind = {1, 4, 5})。

步骤7.5 得到项d和b在事务概率数组ProArr[1](表3.2中第1行)中对应概率值的下标,即item_ind = {1, 2}。

步骤7.6 分别从ProArr[1]、ProArr[4]和ProArr[5]中读取基项集{a}的概率值,记为bp = {0.8, 0.9, 0.95}。

步骤7.7 将有序项集{db}添加到subT,将pro_ind、item_ind、bp和项集{db}的长度2存储到subT中的尾节点上,结果如图3.3(c)所示。

步骤7.8 递归处理树subT,为基项集{ab}创建子树,如图3.3(d)所示。其中在处理项集{a}的子树过程中得到频繁模式{ab}、{abd}和{ad}。

步骤8 按顺序处理头表H中剩余的项。

3.2.3 算法分析

定理 3.1 假设树 T 是不确定数据集 D_{un} 对应的一棵 AT-Tree，并且最小期望支持数为 $minExpSN$，则树 T 上包含了挖掘数据集 D_{un} 上频繁模式的所有信息。

证明：基于 AT-Tree 的构建过程，数据集 D_{un} 中相同的项集（这里的相同指包含频繁项相同的事务）被映射到树 T 的同一个路径上，每个事务项集对应的概率值存放到数组中，同时事务概率数组的对应下标也被保存到尾节点上，因此任一个项集 X 的期望支持数都可以从包含 X 的事务项集在树上对应的尾节点中计算到。综上分析，树 T 上包含了挖掘数据集 D_{un} 上频繁模式的所有信息。

定理 3.2 AT-Tree 是一棵和 FP-Tree 一样紧凑的树，两者都是按支持数有序地将事务项集添加到树上，并且 AT-Tree 也没有损失各个事务项集对应的概率信息。

证明：根据 AT-Tree 和 FP-Tree 的构建过程，两者都是将事务项集中频繁的项按项支持数从大到小排序，然后依次添加到树上，只是两棵树上对应的节点上保存的信息不同（即节点结构不同），因此 AT-Tree 树是一棵和 FP-Tree 一样紧凑的树。根据 AT-Tree 的构建过程，每个事务项集中的频繁项对应的概率值通过一个数组映射在 AT-Tree 的尾节点上，因此通过尾节点上保存的信息可以找到每个事务项集对应的概率值。

定理 3.3 在算法 AT-Mine 中，$subT$ 是项集 X 的子 AT-Tree，设 Y 是一个包含项集 X 的一个项集，则从 $subT$ 中得到 Y 的期望支持数等于 Y 在数据集上的期望支持数。

证明：根据 AT-Tree 和子 AT-Tree 的构建过程，所有包含项集 Y 的事务项集都被映射到子 AT-Tree $subT$ 上了，因此从 $subT$ 上相应的尾节点上计算得到的 Y 的期望支持数也等于项集 Y 在整个数据集上的期望支持数。

3.2.4 实验及结果分析

分别在稀疏和稠密数据集上评价算法 AT-Mine 的性能，并且与算法 UF-Growth[122]、CUFP-Mine[109] 和 MBP[115] 做对比，所有测试算法都是用 Java 编程语言实现。测试平台配置如下：Windows XP 操作系统，2GB Memory，Intel（R）Core（TM）i3-2310 CPU@2.10 GHz；Java 虚拟内存是 1GB。

表 3.3 给出了四个测试数据集的特征，其中：|D|表示数据集的大小，即事务个数；|I|表示数据集中不同项的总数；ML 表示事务项集的平均长度；SD 表

示数据集的稠密或稀疏度。数据集 T20.I6.D300K 是用 IBM 数据生成器[1, 173]产生的；数据集 Kosarak、Mushroom 和 Connect 是从 FIMI 网站[174]下载；由于这四个原始数据集中每个事务项集都没有概率值，因此也采用文献［109，115，120，121］中的方法，给每个事务项集的每项随机生成一个范围在（0，1］的数作为概率值。实验中使用可执行程序和测试数据集，可以从http：//code.google.com/p/at-tree/ downloads /list下载。

表3.3　数据集特征

数据集	|D|	|I|	ML	SD（%）	类型
T20.I6.D300K	300000	1000	20	2	稀疏
Kosarak	990002	41271	8	0.02	稀疏
Connect	67557	129	43	33.33	稠密
Mushroom	8124	119	23	19.33	稠密

1. 稀疏数据集上的实验结果

数据集 T20.I6.D300 的稀疏度是 2%，最小期望支持阈值为 0.05% ~ 0.15%，每隔0.01%取一个测试值；阈值取值除了和数据的稀疏度有关之外，还考虑每一个阈值上对应频繁模式的长度最少也要包含有 2-项集（如果没有挖掘到频繁模式，或者挖掘到的频繁模式长度都是1，这说明挖掘的结果是没有意义），表3.4是不同长度频繁模式的分布情况。

表3.4　T20.I6.D300K上不同阈值下的频繁模式长度 k 的分布

minExpSup（%）	总数	k（#）		
		1	2	3
0.15	1657	862	795	0
0.14	1931	867	1064	0
0.13	2309	876	1433	0
0.12	2831	887	1944	0
0.11	3477	893	2584	0
0.10	4442	896	3546	0
0.09	5759	905	4854	0

续表

minExpSup（%）	总数	k（#）		
		1	2	3
0.08	7706	914	6792	0
0.07	10540	921	9619	0
0.06	14738	928	13807	3
0.05	21176	938	20217	21

数据集 Kosarak 就更稀疏了，它的稀疏度是 0.02%，它的最小期望支持阈值取值从 0.01% 到 0.1%，每隔 0.01% 取一个测试值；表 3.5 显示该数据集的不同长度频繁模式的分布情况。

表 3.5　Kosarak 上不同阈值下的频繁模式长度 k 的分布

minExpSup（%）	总数	k（#）					
		1	2	3	4	5	6
0.1	1477	585	676	201	15	0	0
0.09	1808	708	824	259	17	0	0
0.08	2219	801	1037	356	25	0	0
0.07	2745	912	1322	473	37	1	0
0.06	3455	1060	1728	607	58	2	0
0.05	4695	1253	2460	890	90	2	0
0.04	6853	1545	3667	1465	173	3	0
0.03	6853	2004	5995	2879	363	11	0
0.02	11252	2725	13451	7688	1028	34	0
0.01	24926	4632	46947	47224	9805	377	2

算法 CUFP-Mine 在构建树的时候，在每个节点上都保存有该节点相应项的所有超集（超集由该节点的祖先节点对应项组成），由于这两个数据集中都包含有较长的事务项集，因此即使在阈值比较大的时候，该算法也发生了内存溢出。算法 AT-Mine 和 UF-Growth 都采用模式增长的方式，都需要不断地创建子树，创建的树越大，即树中节点个数越多，不仅会影响运行时间，还会影响空间性能。在这两个稀疏数据集中，UF-Growth 产生的数据集个数远远大于 AT-

Mine，见表3.6和表3.7，在Kosarak上，阈值比较小的时候，算法UF-Growth发生了内存溢出。算法MBP在这两个数据集上产生的候选项集个数见表3.6和表3.7，并且在阈值较小的时候，在数据集Kosarak上也发生内存溢出。从表3.6和表3.7中的数据，可以推断AT-Mine算法会有较好的空间性能。

表3.6 T20.I6.D300K上的实验分析数据

minExpSup（%）	树上节点个数（#）		候选项集大小（#）	CUFP-Mine
	AT-Mine	UF-Growth	MBP	
0.15	4978327	7556250	374271	
0.14	5019943	8026371	380461	
0.13	5101077	8629034	391413	
0.12	5246103	9399299	406775	
0.11	5438410	10282811	419770	
0.10	5766016	11489404	435931	内存溢出
0.09	6310746	12978032	467217	
0.08	7169071	14945968	515672	
0.07	8474124	17477552	594050	
0.06	10409924	20722691	735733	
0.05	13189900	24946139	999799	

表3.7 Kosarak上的实验分析数据

minExpSup（%）	树上节点个数（#）		候选项集大小（#）	CUFP-Mine
	AT-Mine	UF-Growth	MBP	
0.1	2020568	14471137	172399	
0.09	2208231	15724272	252348	
0.08	2366772	17347725	323151	
0.07	2542835	19210453	419272	
0.06	2761742	21359180	566779	
0.05	3058380	24651644	793554	内存溢出
0.04	3548026	29649038	1209624	
0.03	4580785	38083667		
0.02	7510930	57319484	内存溢出	
0.01	18829877	内存溢出		

　　图3.4是在稀疏数据集上四个算法的运行时间对比，其中算法CUFP-Mine
在两个数据集上的实验都发生了内存溢出，因此在图中没有该算法的运行时间
曲线。如图3.4所示，在不同的阈值情况下，算法AT-Mine的时间性能优于算法
UF-Growth、MBP和CUFP-Mine，这主要原因是UF-Growth构建的树包含的节
点比AT-Mine的多、CUFP-Mine产生了过多的超集以及算法MBP产生了很多候
选项集（表3.6和表3.7），因此在同样情况下，算法UF-Growth、MBP和CUFP-
Mine消耗的时间都比AT-Mine多。

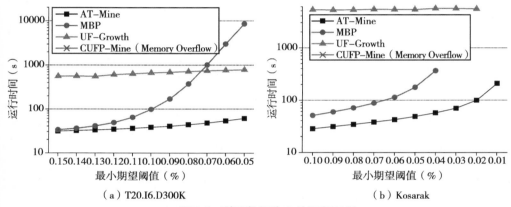

图3.4　稀疏数据集上的运行时间

2. 稠密数据集上的实验结果

　　Connect是一个稠密数据集，其稀疏度为33.33%，包含67557条事务和129
个不同的项，每个事务项集都是43（即包含43个不同的项），也是一个长事务
项集。在该数据集的实验中，最小期望支持阈值设定在10%~15%，每隔0.5%取
一个测试值。

　　表3.8显示了数据集Connect在不同的最小阈值情况下，不同长度频繁模式
的分布情况。Mushroom也是一个稠密集，其稀疏度为19.33%，包含8124条事
务和75个不同的项，每个事务项集包含23个不同的项，也是一个较长的事务项
集。在该数据集的实验中，最小期望支持阈值设定在2%~7%，每隔0.5%取一个
测试值。表3.9显示了数据集Mushroom在不同的最小阈值情况下，不同长度频
繁模式的分布情况。

表3.8　Connect上不同阈值下的频繁模式长度 k 分布

minExpSup（%）	总数	k（#）		
		1	2	3
15.0	583	45	538	0
14.5	607	48	559	0
14.0	626	53	573	0
13.5	651	54	597	0
13.0	670	54	616	0
12.5	684	54	630	0
12.0	878	56	644	178
11.5	1336	56	672	608
11.0	1845	57	691	1097
10.5	2357	59	726	1572
10.0	2881	59	745	2077

表3.9　Mushroom上不同阈值下的频繁模式长度 k 分布

minExpSup（%）	总数	k（#）				
		1	2	3	4	5
7.0	1701	51	190	32	0	0
6.5	1264	52	223	54	0	0
6.0	996	54	257	77	0	0
5.5	819	54	309	113	1	0
5.0	659	56	368	188	2	0
4.5	502	57	426	296	5	0
4.0	297	58	481	401	6	0
3.5	245	62	557	545	17	0
3.0	215	67	647	843	53	0
2.5	199	73	759	1451	171	0
2.0	186	79	890	2158	598	1

　　表 3.10 和表 3.11 是两个稠密数据集上算法所产生的树节点个数和候选项集个数。从表 3.10 和表 3.11 中可以看出，UF-Growth 生成的树节点数量远远超过 AT-Mine。例如，当最小期望支持阈值设为 10% 时，UF-Growth 生成 615334 个节点，而 AT-Mine 生成 6645 个节点，并且随着最小期望支持阈值降低，UF-Growth 产生的树节点个数比 AT-Mine 的数量增加得快。因此，AT-Mine 比 UF-Growth 更加节省时间和内存，如图 3.5 所示。算法 MBP 需要通过扫描数据集从候选集中辨别出频繁模式，因此该算法的时间性能与候选集的长度、事务项集长度以及数据集的大小相关：候选项集的长度越长、事务项集的长度越长且数据集中事务个数越多，则算法的时间性能越差。而算法 MBP 在稠密数据集上候选项集比较多，而且长度也比较长（表 3.10 和表 3.11），因此 MBP 在稠密数据集的性能比较差，而算法 AT-Mine 的时间性能在稠密数据集上也比较好，如图 3.5 所示。

　　由于这两个测试的稠密数据集中的事务项集长度都较长，算法 CUFP-Mine 在阈值比较大的时候，也发生了内存溢出。

表 3.10　Connect 上的实验分析数据

minExpSup（%）	树上节点个数（#）		候选项集大小（#）	CUFP-Mine
	AT-Mine	UF-Growth	MBP	
15.0	36823	32204274	5981	
14.5	52828	33103633	6448	
14.0	89118	33739243	6962	
13.5	97947	34652426	7364	
13.0	98842	35332360	7786	
12.5	99046	35811430	7952	内存溢出
12.0	116290	48046639	8565	
11.5	118275	76318046	10340	
11.0	130423	106626725	12754	
10.5	151494	135318546	15839	
10.0	153913	163809762	19162	

表3.11　Mushroom上的实验分析数据

minExpSup（%）	树上节点个数（#）		候选项集大小（#）	CUFP-Mine
	AT-Mine	UF-Growth	MBP	
7.0	12041	1011721	1917	
6.5	12508	1182145	2122	
6.0	14420	1344369	2501	
5.5	14709	1584345	2810	
5.0	16243	1947609	3460	
4.5	17390	2390341	4188	内存溢出
4.0	18685	2760249	5024	
3.5	21877	3254103	6217	
3.0	25884	4125745	8222	
2.5	31160	5719229	12050	
2.0	37395	8076099	16764	

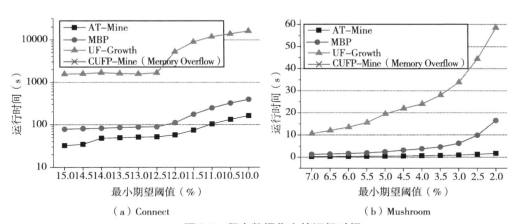

（a）Connect　　　　　（b）Mushroom

图3.5　稠密数据集上的运行时间

　　由以上的实验结果可以明显地看出，算法AT-Mine在时间和空间性能上有较大的提高。

3.3 基于滑动窗口的不确定数据流的频繁模式挖掘算法

近几年，随着不确定数据流的日益重要，不确定数据流下的频繁模式挖掘成为了一个重要的研究课题。由于数据流的连续性和无界性特征，挖掘算法在时间和空间上的有效性显得尤为严格。据目前所知，现存算法在压缩事务集时均不能拥有像FP-Tree一样的压缩率，结果导致在处理树结构时有更多的时间、空间需求。

在3.2节算法的基础上，本节介绍了一种有效算法 UDS-FIM 和一种树结构 UDS-Tree 来挖掘数据流中频繁模式集。首先，UDS-FIM 将事务集压缩到 UDS-Tree 上，实现了和原始 FP-Tree 相同的压缩效果；然后从 UDS-Tree 上进行频繁集挖掘，避免了额外的数据集扫描过程。

3.3.1 相关定义与问题描述

设 $DS_{un} = \{t_1, t_2, \cdots, t_n, \cdots\}$ 是一个不确定数据流，其包含 m 个不同的项，即 $I_{sn} = \{i_1, i_2, \cdots, i_m\}$。每个事务项集可以表示为 $\{(i_1: p_1), (i_2: p_2), \cdots, (i_v: p_v)\}$，其中 $\{i_1, i_2, \cdots, i_v\}$ 是项集 I_{sn} 的一个子集，并且 p_u（$1 \leqslant u \leqslant v$）是事务项集中项 i_u 的存在概率，v 是事务项集的长度。

设一个滑动窗口中包含 w 批数据，每批数据包含 p 个事务项集（即一个窗口包含 $w \times p$ 个事务项集）。

定义 3.7 在设定的最小期望支持度 $minExpSup$ 下，滑动窗口中的最小期望支持数定义为

$$minExpSNW = minExpSup \times w \times p \tag{3.7}$$

定义 3.8 在一个滑动窗口内，如果一个项集的期望支持数不小于 $minExpSNW$，则该项集就是一个频繁项集或频繁模式。

基于滑动窗口的不确定数据流的频繁模式挖掘问题，实际上就是不断地从滑动窗口中挖掘出所有的频繁模式。

3.3.2 UDS-FIM算法

UDS-FIM 算法主要包含三个过程：创建全局 UDS-Tree；从全局 UDS-Tree 中挖掘频繁模式；当新来数据时，对全局 UDS-Tree 更新，包含删除老数据。

1. UDS-Tree 的节点结构

全局 UDS-Tree 上有三种结构不同的节点：一般节点、尾节点和叶子节点。节点的结构如图 3.6（a）~（c）所示，其中的 Name 是节点的项名，Parent 记录了节点的父节点，Children list 记录一个节点的所有孩子节点，其中 info 和 addInfo 均包含三个字段：① count 记录节点的支持数。② len 记录项集的长度、③ Pro_ind 是一个长度为 w 的列表，其中每个列表记录相应事务概率数组在 TPA 中的下标；addInfo 只在对当前窗口数据进行频繁集挖掘的时候才被用到。

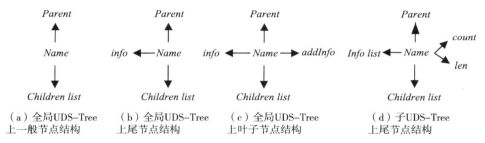

图3.6　UDS-Tree树上的节点结构

（a）全局UDS-Tree
上一般节点结构
（b）全局UDS-Tree
上尾节点结构
（c）全局UDS-Tree
上叶子节点结构
（d）子UDS-Tree
上尾节点结构

子 UDS-Tree 上有两种结构不同的节点：一般节点和尾节点，其中一般节点的结构和全局树上的一般节点相同，如图 3.6（a）所示，尾节点的结构如图 3.6（d）所示，其中 Info list 是 info 的列表，而 info 包含三个字段：① bp，是一个长度为 w 的列表，分别记录 w 批数据的基项集的概率值（同 3.2 节 AT-Tree）；② Pro_ind（同全局 UDS-Tree）；③ Item_ind 是一个数值列表，存储路径项集中各项在相应事务概率数组中的下标。

2. 创建全局 UDS-Tree

以表 3.12 中数据为例，说明一棵全局 UDS-Tree 的创建过程，在这里，设定每个窗口内有三批数据（w=3），每批数据包含 2 个事务项集（p=2）。

表 3.12　不确定数据集实例

事务	事务项集
t_1	（C：0.8），（D：0.85），（E：0.75）
t_2	（B：0.9），（C：0.8），（D：0.6），（F：0.2）

续表

事务	事务项集
t_3	（A：0.15），（B：0.8），（D：0.4）
t_4	（B：0.85），（C：0.6），（D：0.7）
t_5	（A：0.6），（B：0.25），（C：0.3），（E：0.5）
t_6	（A：0.7），（B：0.8），（D：0.25）
t_7	（A：0.65），（B：0.7），（C：0.5）
t_8	（C：0.5），（D：0.65），（F：0.6）
t_9	（A：0.6），（B：0.82），（C：0.63）

步骤 1　初始化创建树需要的所有数据结构：①为每批数据创建一个 TPA，即创建 3 个 TPA，如图 3.7（a）~（c）所示；②创建一个头表，该头表包含六个字段：项（$item$）、在三批数据中项的期望支持数（$esn1$、$esn2$ 和 $esn3$）、总的期望支持数（$senT$）和 $link$ 信息，如图 3.7（d）所示；③创建尾节点表来存储每批数据的尾节点，如图 3.7（e）所示；④创建一棵根节点为空的全局 UDS-Tree。

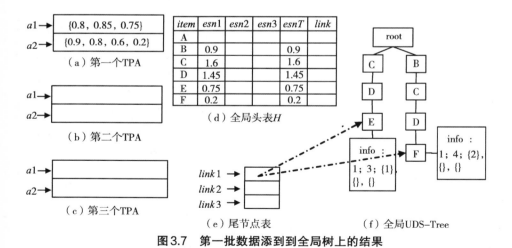

图3.7　第一批数据添到到全局树上的结果

步骤 2　按照下面子步骤处理一个窗口内的所有事务项集：

　步骤 2.1　将同一批数据中所有事务项集的概率依次存储到一个 TPA 中；例如，图 3.7（a）中的 TPA 存储第一批数据的事务概率值（其中 $a1$

和 $a2$ 分别对应第一批数据中的第一和第二个事务概率数组），图3.7
（b）和图3.7（c）分别存储第二批和第三批数据中的事务项集概
率值。

步骤2.2　将事务项集添加到全局UDS-Tree中，如图3.7（f）中的UDS-Tree
是添加第一批数据后的结果，节点E和F是两个尾节点。尾节点上
的第一个数值是支持数，第二个数值是项集长度，3个"{}"分别
记录每批数据在相应TPA中的下标（如节点E上的数据"{1}"表
示的是图3.7（a）中的第一个TPA内的第一个元素）。

步骤2.3　每个事务添加到树上的时候，都需要更新头表中对应项的信息。
例如，图3.7（d）中的头表存储第一批数据添加到树上后的信息
（其中为简化图起见，图中没有画 *link* 所指的线条）。

步骤2.4　每个事务添加到树上的时候，需要将该事务项集对应的尾节点存
储到尾节点表中，图3.7（e）存储了第一批数据中的所有尾
节点。

步骤2.5　用以上方法将第二批数据和第三批数据也分别存储到树上。

图3.8是将第二批数据存储到树上后的结果。当添加第二批数据中的第二个
事务（（B，0.8），（C，0.5），（D，0.55））的时候，由于树上已经存在路径
root-B-C-D-F，因此只需将该路径上的节点D改变为尾节点即可，如图3.8（f）
所示。

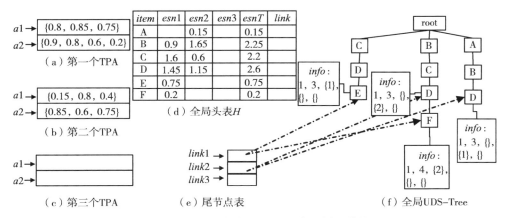

图3.8　前两批数据添到到全局树上的结果

图3.9是将第三批数据存储到树上后的结果。当添加第二批数据中的第二个事务的时候，由于树上已经存在路径root- A-B-D，并且节点D还是一个尾节点，因此只需将事务项集在相应TPA中的下标保存到尾节点D上即可，如图3.9（f）所示。

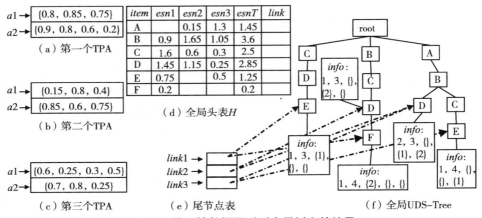

图3.9 前三批数据添到到全局树上的结果

3. 从全局树上挖掘频繁模式算法

当一棵全局树UDS-Tree上包含了一个窗口的数据时，根据用户的需要就可以执行一次频繁模式挖掘。

UDS-FIM采用模式增长的方法从全局树上挖掘频繁模式，图3.10是从全局树上挖掘频繁模式的算法。

因为全局树上存储的信息，不仅为当前窗口用，还要为下一个窗口所有，因此不能在挖掘频繁模式的时候，对该树上存储的信息进行更改。但是UDS-Tree只将项集信息保存在尾节点上，挖掘的过程中需要一层一层地将节点上的信息往上传递，因此为了不影响后来窗口中的数据，在全局UDS-Tree的叶子节点上增加了一个附加信息（记为 *addInfo*，如图3.6（c）所示，*addInfo* 的初始值为叶子节点上的 *info*），在挖掘的过程中，将附加信息 *addInfo* 逐层传递到祖先节点。图3.9中的UDS-Tree的叶子节点增加一个附加信息后的结果如图3.11所示。

Input: A UDS-Tree *T*, a global header table *H*, and a minimum expected
support number ***minExpSN***.

Output: Fls (frequent itemsets)

(1) Add the information on ***info*** field on each leaf-node to the field ***addInfo***;

(2) **For each** item *Q* in *H* (from the last item) **do**

(3)   **If**(*x.esnT*⩾*minExpSN*) //*x.esnT* is from the header table *H*

(4)   Generate an itemset *X* = {*Q*};

(5)   Copy *X* into Fls;

(6)   Create a header table H_x for *X*;

(7)   **If**(H_x is not empty)

(8)   Create a prefix UDS-Tree T_x for *X*;

(9)   **Call SubMining**(T_x, H_x, *X*)

(10)   **End if**

(11)   **End if**

(12)   Pass the information of ***addInfo*** field to parent nodes;

(13) **End for**

(14) **Return** Fls.

SubProcedure **SubMining** (T_x, H_x, *X*)

(15) **For each** item *y* in H_x (from the last item) **do**

(16)   Generate an itemset *Y* = *X* ∪ *y*;

(17)   Copy *Y* into Fls;

(18)   Create a header table H_y for *Y*;

(19)   **If**(H_y is not empty)

(20)   Create a prefix UDS-Tree T_y for *Y*;

(21)   **Call SubMining**(T_y, H_y, *Y*)

(22)   **End if**

(23)   Pass the information of ***info*** field to parent nodes;

(24) **End for**

图3.10　从一棵全局UDS-Tree上挖掘频繁模式的算法

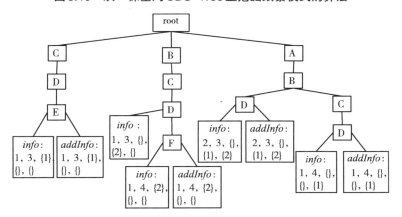

图3.11　每个叶子节点上增加一个字段addInfo

当一个叶子节点被处理以后，该节点上的附加信息 *addInfo* 会被传递给父节点 P（为了描述上的方便，这里将被传递的附加信息记为 AI）。如果父节点 P 是根节点，则不需要传递，直接将 AI 值为空即可；否则，按如下方法将 AI 传递给父节点 P：

（1）如果父节点 P 上已经包含一个附加信息 *addInfo*（记为 PAI），则将 AI 上的支持数累加到 PAI 上，同时将 AI 上的 pro_ind 值复制到 PAI 的 pro_ind 中。

（2）如果父节点 P 上不包含附加信息 PAI，则从 AI 中删除尾节点项的概率信息，然后直接传递给父节点 P。如果父节点 P 中包含有 *info* 信息，则将 *info* 中的支持数累加到 PAI 的支持数上；同时将 *info* 中的 pro_ind 值复制到 PAI 的 pro_ind 中。例如，图 3.11 中节点 E 和 F 中的附加信息传递给父节点后，结果如图 3.12 所示。

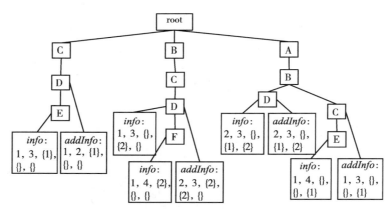

图 3.12　将节点上的字段 addInfo 传递给父节点

4. 构建子树

在图 3.10 所示的挖掘频繁模式的算法中，需要不断地创建子树 UDS-Tree，子 UDS-Tree 的创建和全局 UDS-Tree 不同，下面通过一个例子来说明子 UDS-Tree 的创建步骤。例如，当处理图 3.12 中的项 D 的时候，由于该项的期望支持数不小于最小期望支持数，所以可以给该项创建一个子头表，通过扫描图 3.12 中包含节点 D 的路径，统计路径上所有项的期望支持数和支持数，结果发现有两项的期望支持数不小于最小期望支持数，如图 3.13（a）所示；由于子头表不为空，就可以进一步创建子树，创建的步骤如下：

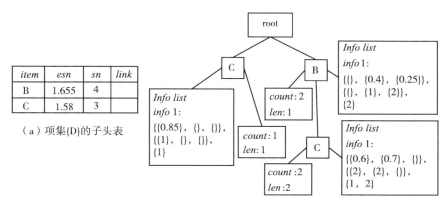

（a）项集{D}的子头表

（b）项集{D}的子USD–Tree

图3.13 项集{D}的子 UDS-Tree 和子头表

步骤1 读取路径 root-C-D 和该路径上节点 D 的附加信息 *addInfo*，该路径上除项 D 外，只有一项 C，则添加项集{C}到一棵根节点初始值为空的子 UDS-Tree *subT* 上，如图3.13（b）中的路径 root-C，其中节点 C 是尾节点，尾节点上记录支持数 count、项集长度 len、包含该项集概率信息的 *Info list*。如尾节点 C 上的{{1}, {}, {}}说明只有第一批第一个事务项集的信息存储在该尾节点上（Pro_ind）；尾节点上最后的{1}是路径上项 C 的概率存放在原来事务项集概率数组（第一个 IPA 中第一行）中下标为 1 的位置（Item_ind）；尾节点上的{{0.85}, {}, {}}表示基项集{D}在第一批的第一个事务项集中的概率值，该概率值称为基项集概率值。

步骤2 读取路径 root-B-C-D 和该路径上节点 D 的附加信息 *addInfo*，添加项集{BC}到 *subT* 上，如图3.13（b）中的路径 root-B-C，该节点上的{{2}, {2}, {}}是指第一批的第二个事务项集和第二批的第二个事务项集的信息存储在该尾节点上；尾节点上最后的{1, 2}是路径上项 B 和 C 的概率存放在原来事务项集概率数组（{{2}, {2}, {}}）中的下标分别为 1 和 2 的位置；{{0.6}, {0.7}, {}}表示基项集{D}在相应事务项集（{{2}, {2}, {}}）中的概率值（基项集概率值）。

步骤3 同步骤2和步骤3的方法处理路径 root-A-B-D 中项集和尾节点上的信息，结果如图3.13（b）中的路径 root-B 和尾节点 B 上的信息所示。

5. 从全局树上挖掘频繁模式的实例

下面以图3.9（f）中的全局UDS-Tree为例说明从全局树上挖掘频繁模式的过程，这里设定的最小期望支持数是1.5，挖掘的具体步骤如下：

步骤1 将每个叶子节点上*info*值另存一份，命名为附加信息*addInfo*，如图3.11所示。

步骤2 处理图3.9（d）中头表，从最后一项依次处理头表中每一项，首先处理项F，由于该项的期望支持数小于1.5，因此不会产生包含该项的频繁模式，所以就直接将树上节点F的附加信息*addInfo*传递给父节点；项E的处理结果同项F，将节点F和E上的附加信息传递给父节点的结果如图3.12所示。

步骤3 按照如下的子步骤处理头表（图3.9（d））中的项D。

步骤3.1 由于项D的期望支持数大于1.5，所以将项D添加到基项集*base-itemset*（该项集初始值为空，每一个新的基项集都是一个频繁模式）。

步骤3.2 为当前基项集{D}创建一个子头表，通过扫描树上包含节点D的所有路径，统计路径上所有项的支持数和概率值的和，创建的子头表如图3.13（a）所示。

步骤3.3 子头表不为空，因而可以继续为基项集创建子树，创建的子UDS-Tree如图3.13（b）所示。

步骤3.4 继续从子树上挖掘频繁模式。首先处理子头表中最后一项C，将项C增加到当前基项集*base-itemset*，得到一个新的基项集{DC}；通过扫描子树（图3.13（b））上包含节点C的路径，为当前基项集创建新的子头表，结果新的子头表为空，因此不需要为当前基项集创建子树；将项C从当前基项集中删除。接下来处理子头表（图3.13（a））中下一项B，将项B添加到当前的基项集*base-itemset*，得到一个新的基项集{DB}，通过扫描子树（图3.13（b））上包含节点B的路径，为当前基项集创建新的子头表，结果新的子头表为空，因此也不需要为当前基项集创建子树；将项B从当前基项集中删除。

步骤3.5　将项 D 从当前基项集 *base-itemset* 中删除。

步骤3.6　将节点 D 上 *addInfo* 传递给父节点。

步骤 4　按照如下的子步骤处理头表（图 3.9（d））中的项 C：

步骤4.1　由于项 C 的期望支持数大于 1.5，所以将项 C 添加到基项集 *base-itemset*，得到一个新的频繁模式 {C}。

步骤4.2　通过扫描树上包含节点 C 的所有路径，为当前基项集 {C} 创建一个子头表，结果子头表为空。

步骤4.3　子头表为空，因此也不需要继续为当前基项集创建子树；将树上节点 C 的 *addInfo* 传递给父节点，并将项 C 从当前基项集中删除。

步骤 5　用同样的方法来继续处理头表（图 3.9（d））中未处理的项，最后又得到一个频繁模式 {B}。

最终，从该树上挖掘到 5 个频繁模式：{D}、{DC}、{DB}、{C} 和 {B}。

6. 全局树的更新

当新来一批数据的时候，需要将窗口中最老的数据删除，算法 UDS-FIM 利用尾节点表来从全局树上删除最老批次的数据。尾节点表中存储了当前窗口内每批数据的所有尾节点，当需要删除最老批数据时，只需要从最老批次数据对应的所有尾节点进行遍历，就可以删除全局 UDS-Tree 中包含的最老批次的数据。

以删除全局树（图 3.9（f））上第一批数据为例来说明删除一批老数据的过程。图 3.9（e）中的 *link*1 存储了第一批数据中的两个尾节点，从这两个尾节点搜索，分别找到两个路径 root-C-D-E 和 root-B-C-D-F；路径 root-C-D-E 可以直接移除，这是因为该路径上的节点 E 没有子节点，并且这条路径上没有其他的尾节点或分支；当处理尾节点 F 时，只有节点 F 被移除，这是因为它的父节点也是一个尾节点。从全局树中删除老数据后，还需要清空第一个 TPA 和尾节点表 *link*1 内的数据，这样可以为即将到来的新数据提供存储空间。删除第一批数据后的全局树如图 3.14 所示。

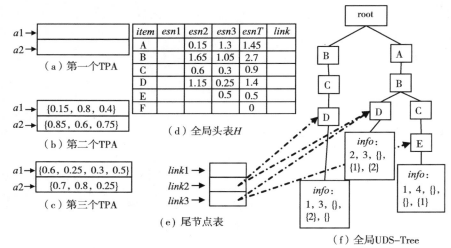

图3.14 从全局UDS-Tree上删除第一批数据后的结果

3.3.3 实验及结果对比分析

本节利用四个数据集来测试UDS-FIM的算法性能，这四个数据集的特征见表3.13，其中|D|表示数据集的大小，即事务个数；|I|表示数据集中不同项的总数；ML表示事务项集的平均长度；SD表示数据集的稠密或稀疏度。数据集T10.I4.D100K和T20.I6.D100K是用IBM数据生成器[1, 173]产生的；数据集Connect和Kosarak是从FIMI网站[174]下载；由于这四个原始数据集中每个事务项集都没有概率值，因此也采用文献［109，115，120，121］中的方法，给每个事务项集的每一项随机生成一个范围在（0，1］的数作为概率值。

表3.13 数据集特征

Dataset	|D|	|I|	ML	SD（%）	类型
Connect	67 557	129	43	33.33	稠密
Kosarak	990 002	41 271	8	0.02	稀疏
T10.I4.D100K	100 000	870	10	1.16	稀疏
T20.I6.D100K	100 000	980	20	2.03	稀疏

对比的算法有SUF-Growth[119]和UDS-MBP，其中UDS-MBP是在每个滑动窗口中采用MBP算法[115]挖掘频繁模式。所有测试算法都用Java编程语言实现。实验中的执行程序和数据集上传 http：//code.google.com/p/uds-tree/downloads/list。测试平台配置如下：Windows XP操作系统（64位），4G Memory，Intel（R）Core（TM） i3-2100 CPU@3.10 GHz；Java虚拟内存是2GB。

算法UDS-FIM、SUF-Growth和UDS-MBP都是精确算法，即它们可以挖掘到所有的频繁模式集，因此这里只对比了三个算法的运行时间和内存消耗，本节实验中所用的三个参数见表3.14。本节分别测试这三个参数值的变化对算法的运行时间和内存的影响。由于Java虚拟机自行负责内存管理并对编程不透明，这里提供的内存需求不是精确值。本节实验中的内存消耗值的提取方法如下：在算法运行过程中，设置不同的点，提取每个点上的所用内存量（提取前先强制进行内存垃圾回收，以获取较准确的程序消耗内存量），然后从不同点上取出最大的内存消耗量作为当前算法的内存消耗。

表3.14　实验中用到参数

参数	意义
minExpSup	最小期望支持度（%）
w	窗口的宽度（批）
p	每批数据中事务个数（个）

1. 不同最小期望支持数下的算法性能对比

在窗口大小和批大小固定的情况下，图3.15和图3.16是在不同最小期望支持度情况下的算法性能对比结果。最小期望支持数越小，数据集中的频繁模式个数就越多，挖掘耗费的时间及耗费的内存都会越多。

数据集Connect是一个比较稠密的数据集，在该数据集的实验上，这里设定批大小为5000，其他数据集上的批大小设定为10000；窗口大小都设为4。Connect、Kosarakt、T10.I4.D100K和T20.I6.D100K分别被划分为13、99、10和10批数据；实验中，每个窗口都执行了一次频繁模式挖掘，因此在这四个数据集上，频繁模式挖掘分别被执行了10、96、7和7次。从图3.15和图3.16可以看出，算法 UDS-FIM 的时空性能比算法 SUF-Growth 和 UDS-MBP 的好，这是因为，UDS-FIM 可以有效地将窗口中事务项集压缩到一棵树上，并且在挖掘的过程中，创建的子树也比 SUF-Growth 所创建的树小，因而需要更少的空间来维护树，并且相应处理速度也提高了；UDS-MBP 效率低的主要原因是产生的候选项集比较多。特别在真实数据集上，UDS-FIM 的算法性能更好，例如，在数据集 Connect 上，当 $minExpSup = 9\%$ 时，SUF-Growth 创建了 43732×10^9 个树节点，而 UDS-FIM 创建了 443×10^9 个树节点，算法 UDS-MBP 产生了 314086 个候选项集。在最小期望支持度变小的时候，算法 UDS-MBP 产生的候选项集会增加，因而该算法的时间消耗也会增加，特别是在两个合成数据集上，该算法的时间消耗增加的比较大，如图 3.15 所示。

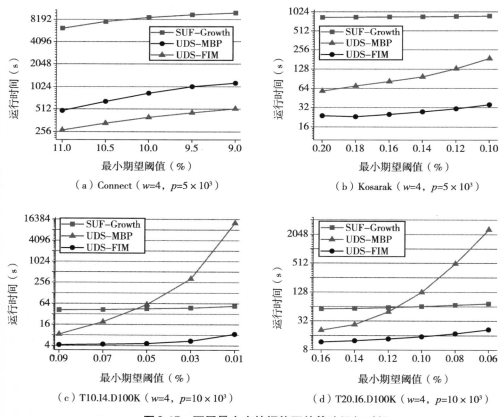

图 3.15 不同最小支持阈值下的算法运行时间

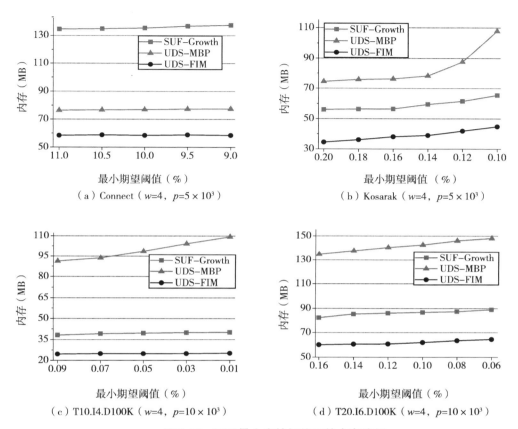

图3.16 不同最小支持阈值下的内存消耗

2. 不同窗口大小下的算法性能对比

图3.17和图3.18是测试不同窗口大小对算法性能影响的结果。从这两个图中，可以看出算法 UDS-FIM 的时间和空间性能明显优于 SUF-Growth 和 UDS-MBP，其主要原因与不同最小期望支持数下的算法性能对比中的原因相同。当窗口大小变大的时候，一个窗口中总的事务个数增加，将导致一个窗口中频繁模式的挖掘时间增加；由于本实验中测试的数据集大小固定，上述情况将会导致整个数据集上的挖掘次数减少。综合上述原因，在一个数据集上，总的运行时间可能会增加，也可能会减少，如图3.17所示，在两个合成数据集上，算法 UDS-MBP 随着窗口变大，而运行时间减少。

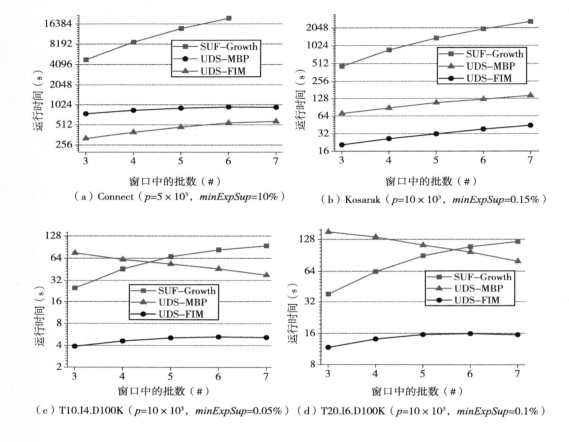

（a）Connect（$p=5 \times 10^3$，$minExpSup=10\%$） （b）Kosarak（$p=10 \times 10^3$，$minExpSup=0.15\%$）

（c）T10.I4.D100K（$p=10 \times 10^3$，$minExpSup=0.05\%$） （d）T20.I6.D100K（$p=10 \times 10^3$，$minExpSup=0.1\%$）

图3.17　不同窗口大小下的算法运行时间

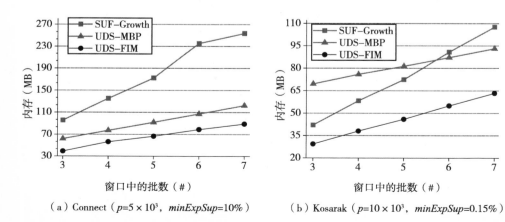

（a）Connect（$p=5 \times 10^3$，$minExpSup=10\%$）　（b）Kosarak（$p=10 \times 10^3$，$minExpSup=0.15\%$）

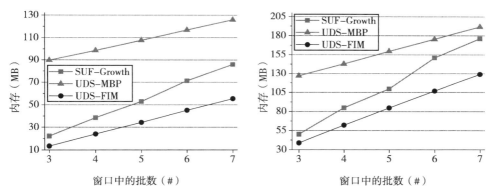

（c）T10.I4.D100K（$p=10\times10^3$，$minExpSup=0.05\%$）（d）T20.I6.D100K（$p=10\times10^3$，$minExpSup=0.1\%$）

图3.18 不同窗口大小下的内存消耗

3. 批大小的变化对算法性能的影响

图3.19和图3.20是测试不同批大小对算法性能影响的结果。当批大小增加的时候，一个窗口中事务个数增加；同时一个数据集上执行频繁模式挖掘的次数快速减少，如在Connect上，当$p=13\times10^3$时，执行了2次挖掘，然而当$p=3\times10^3$时，执行了19次频繁模式挖掘；在数据集Kosarak上，当$p=17\times10^3$时，执行了55次挖掘，然而当$p=7\times10^3$时，执行了138次频繁模式挖掘。随着批大小的增加，算法UDS-FIM和UDS-MBP的运行时间会减少，如图3.19所示。然而算法SUF-Growth的运行时间增加比较大，主要原因是算法SUF-Growth中产生的全局树以及子树都比较大，因而花费更多的时间和空间来处理这些树。图3.19和图3.20中实验结果验证了算法UDS-FIM的时间和空间性能都比较好。

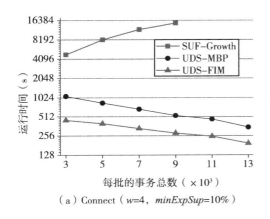

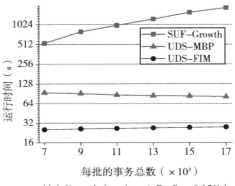

（a）Connect（$w=4$，$minExpSup=10\%$）（b）Kosarak（$w=4$，$minExpSup=0.15\%$）

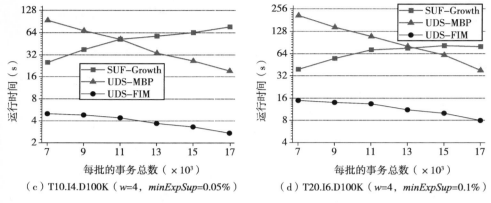

（c）T10.I4.D100K（w=4，minExpSup=0.05%）　　　（d）T20.I6.D100K（w=4，minExpSup=0.1%）

图3.19　批大小不同下的算法运行时间

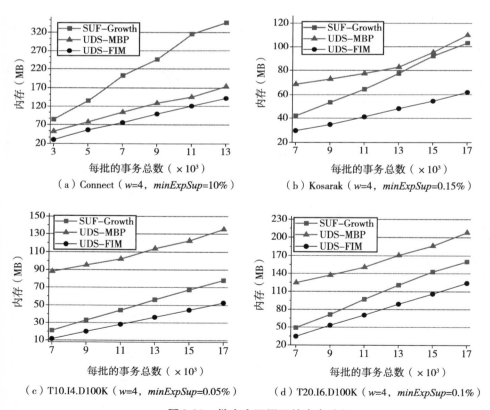

（a）Connect（w=4，minExpSup=10%）　　　（b）Kosarak（w=4，minExpSup=0.15%）

（c）T10.I4.D100K（w=4，minExpSup=0.05%）　　　（d）T20.I6.D100K（w=4，minExpSup=0.1%）

图3.20　批大小不同下的内存消耗

3.4 带权重值的不确定数据流上的频繁模式挖掘模型

在不确定数据集中的频繁模式挖掘中，只考虑到项集是否出现在事务中，以及在事务中对应的概率值，没有考虑项集的权重值，如一个项集的长度越长，而它的权重值会越大，但是它的期望支持数会越小，因此在挖掘的过程中，会丢失这部分权重值大的长项集。

表 3.15 是一个不确定的数据集实例，表 3.16 是表 3.15 中各项的权重值。假设最小期望支持数为 1.5，项集 {CD} 的期望支持数是 1.314，项集 {A} 的期望支持数是 1.55，则项集 {CD} 不是一个频繁模式，而项集 {A} 是一个频繁模式；将项或项集的权重也考虑上，则项集 {CD} 的权重是 2，项集 {A} 的权重是 0.5，则用户有可能更会对项集 {CD} 感兴趣。因此本节将项的权重引入到不确定数据集的频繁模式挖掘中，将权重大的项集也考虑到挖掘结果中。

表3.15 不确定数据集实例

事务	事务项集
t_1	(A：0.55)，(B：0.35)，(E：0.7)
t_2	(A：0.4)，(C：0.8)，(D：0.4)
t_3	(B：0.5)，(C：0.7)，(D：0.3)，(F：0.2)
t_4	(C：0.7)，(D：0.8)，(E：0.25)
t_5	(A：0.6)，(B：0.5)，(C：0.4)，(D：0.56)

表3.16 权重表

项	权重值	项	权重值
A	0.5	D	1.0
B	1.2	E	1.8
C	1.0	F	0.9

3.4.1 相关定义与问题描述

在不确定的数据集 D_{un} （见3.2节相关定义）中，其中 I_{un} 是 D_{un} 中所有项的集合。设该数据集中每项 x 都有一个权重值 $w(x)$（$x \in I_{un}$）。

定义 3.9 项集的权重

项集 X 中所有项权重的和被定义为项集 X 的权重，记为 $w(X)$。

定义 3.10 事务的权重

一个事务 t 的权重就是该事务中项集的权重，记为 $w(t)$。

定义 3.11 项集的期望权重

给定一个不确定数据集 D_{un}，并给定该数据集中各个项的权重，一个项集 X 的期望权重 $expW(X)$ 定义为

$$expW(X) = expSN(X) \times w(X)$$

式中：$expSN(X)$ 是项集的期望支持数（见定义3.2）。

定义 3.12 高期望权重模式

在一个具有权重值的不确定数据集 D_{un} 中，项集 X 的期望权重不小于预定义的最小期望支持数，则该项集 X 就是数据集 D_{un} 中的一个频繁项集，也称为高期望权重项集。

定义 3.13 项集的事务期望权重值（transaction expected weight，tew）

项集 X 的事务期望权重值 $tew(X)$ 定义为

$$tew(X) = \sum_{t \in D_{un} \wedge t \supseteq X} P(X, t) \times w(t)$$

定义 3.14 高期望权重项集的候选项集（或项）和非候选项集（或项）

一个项集（或项）的事务期望权重值小于最小期望支持数，则该项集（或项）就是一个非候选项集（或项），否则就是一个候选项集（或项）。

3.4.2 基于权重的频繁模式模型描述

本节将带权重的不确定数据中的频繁模式挖掘问题称为数据集中的高期望权重项集挖掘问题，即从一个数据集中挖掘出所有高期望权重项集。

根据定义 3.11 和定义 3.12，一个高期望权重项集的子集不一定是高期望项集，而一个非高期望权重项集的超集可能是高期望权重项集，即这里不能利用

频繁模式项集的闭包属性（性质2.1），所以挖掘高期望权重项集会是一个很复杂的问题，为此，本书引入了定义3.13和定义3.14。利用定义3.13和定义3.14，可以给出性质3.1。

性质 3.1 任一个候选项集的子集都是一个候选项集，任一个非候选项集的超集都是非候选项集。

证明：假设项集X是项集Y的一个子集，也即Y是X的一个超集。因为X是Y的一个子集，因此数据集D_{un}中包含Y的事务项集一定也包含X，而包含X的事务项集不一定包含Y，即包含X的事务项集个数不会小于包含Y的事务项集个数；并且在同一个事务中，项集X的概率大于等于Y的概率，因此tew（X）一定大于等于tew（Y）。所以，若Y是一个候选项集，则X一定也是一个候选项集；若X不是一个候选项集，则Y一定也不是一个候选项集。

性质3.1符合闭包属性，因此可以利用该性质候选项集剪枝，提高挖掘算法的时间和空间效率。

3.4.3 基于权重的频繁模式挖掘算法

为了从带权重的不确定数据集中挖掘高期望权重项集，本书介绍一个基于模式增长的挖掘算法HEWI-Mine。HEWI-Mine采用UF-Tree[120]维护事务项集信息，但是该算法在UF-Tree的每个节点上另外又增加一个字段sw，利用该字段来存储节点及祖先节点总的权重值。为了区别UF-Tree，本书将HEWI-Mine算法中的树定义为WUF-Tree，WUF-Tree上的节点结构如图3.21（a）所示；另外头表的结构和原始UF-Tree中的头表也有区别，HEWI-Mine算法中的头表结构如图3.21（b）所示。

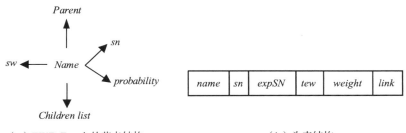

（a）WUF-Tree上的节点结构　　　　（b）头表结构

图3.21　WUF-Tree的节点结构和头表结构

算法 HEWI-Mine 如图 3.22 所示，该算法在挖掘的过程中，需要递归地创建头表和树，其中树和头表的创建过程如下：

Input: A dataset D, a wight table WT, and a minimum expected support number **minExpSN**.

Output: HEWIs (high expected weight itemsets)

(1) Create a header table H by one scan of D and WT;

(2) Create an UF-Tree T by one scan of D and WT;

(3) **For each** item x in H (from the last item) **do**

(4)   **For each** node N in $x.link$ **do**

(5) $ntew += N.probability * N.sn * N.sw$;

(6)   **End for**

(7)   Generate an itemset $X = x$;

(8)   **If**($ntew >= minExpSN$)

(9)   Copy X into HEWIs;

(10)   **End if**

(11)   Create a header table H_x for X;

(12)   **If**(H_x is not empty)

(13)   Create a prefix UF-Tree T_x for X;

(14)   **Call SubMining**(T_x, H_x, X)

(15)   **End if**

(16) **End for**

(17) **Return** HEWIs.

SubProcedure **SubMining** (T_x, H_x, X)

(18) **For each** item y in H_x (from the last item) **do**

(19)   **For each** node N in $y.link$ **do**

(20) $ntew += N.probability * N.sn * N.sw$;

(21)   **End for**

(22)   Generate a itemset $Y = X \cup y$;

(23)   **If**($ntew >= minExpSN$)

(24)   Copy Y into HEWIs;

(25)   **End if**

(26)   Create a header table H_y for Y;

(27)   **If**(H_y is not empty)

(28)   Create a prefix UF-Tree T_y for Y;

(29)   **Call SubMining**(T_y, H_y, Y)

(30)   **End if**

(31) **End for**

图 3.22　算法 HEWI-Mine

头表的创建：①扫描数据集分别计算各项的支持数（*sn*）、期望支持数（*expSN*）以及项的事务期望权重值（*tew*），并将结果存入一个头表中；②删除头表中*tew*值小于最小期望支持数的项；③头表中剩余项按支持数从大到小排序。

WUF-Tree 的创建：①删除每个事务项集中不在头表的项；②事务项集中剩余项按头表的顺序排序；③将有序的事务项集添加到一棵 WUF-Tree，同时每个节点上保存相应的信息。

第一个头表和树的创建分别通过扫描一遍原始数据集来创建的，如图3.22中算法的1~2行，接下来的子头表和子树都是通过扫描上一层树上节点来建立的（这里上一层指算法中递归的上一层）。下面通过一个例子来说明 HEWI-Mine 的挖掘过程。

以表3.15和表3.16中的数据为例说明算法 HEWI-Mine 的挖掘过程，最小支持数设定为1.5，挖掘的步骤如下：

步骤1 扫描原始数据集，创建如图3.23（a）中的头表*H*。

步骤2 按如下的子步骤，将所有的事务项集添加到一棵 WUF-Tree：

步骤2.1 删除事务项集中非频繁项（不在头表*H*中的项）。

步骤2.2 事务项集中剩余项按头表的顺序排序。

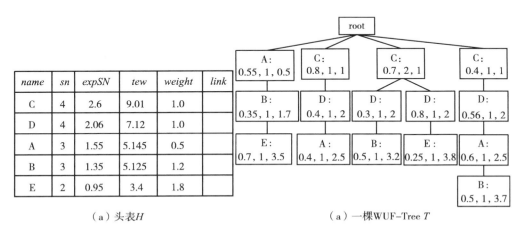

name	sn	expSN	tew	weight	link
C	4	2.6	9.01	1.0	
D	4	2.06	7.12	1.0	
A	3	1.55	5.145	0.5	
B	3	1.35	5.125	1.2	
E	2	0.95	3.4	1.8	

（a）头表*H*   （a）一棵WUF-Tree *T*

图3.23 头表和WUF‑Tree

步骤2.3 将有序事务项集添加到树 WUF-Tree，图3.23（b）是一棵 WUF-Tree 树，该树上包含表3.15中所有事务项集，每个节点上记录3个数值，如在路径root-A-B-E上的节点E，第一个数值"0.7"表示该节点的概率值（该值来自事务项集中项的概率值，如表3.15中的第一个事务中项E的概率），第二数值"1"表示该节点的支持数（代表项集{ABE}在该路径上出现次数），第三个数值"3.5"指路径上3项的权重和。

步骤3   从头表H的最后一项E开始，依次处理每项：

步骤3.1   重新计算项E的tew值，记为$ntew$=0.7×3.5+0.25×3.8=3.4。

步骤3.2   将项E添加到一个基项集$base\text{-}itemset$（初始值为空）。

步骤3.3   计算项集{E}的期望权重值，即0.95×1.8=1.71，其期望权重值不小于1.5，因此该项集是一个高期望权重项集。

步骤3.4   通过扫描图3.23（b）中包含节点E的路径，为项集{E}创建子头表，结果子头表为空，因此不需要再为项集{E}创建子树。

步骤3.5   将当前处理项E从$base\text{-}itemset$中删除。

步骤4   按如下子步骤处理头表H中的项B：

步骤4.1   重新计算项B的tew值，记为$ntew$=0.35×1.7+0.5×3.2+0.5×3.7=4.3。

步骤4.2   因为项B的$ntew$值不小于1.5，所以将项B添加到一个基项集$base\text{-}itemset$。

步骤4.3   计算项集{B}的期望权重值，即1.35×1.2=1.62，其期望权重值不小于1.5，因此该项集是一个高期望权重项集。

步骤4.4   通过扫描图3.23（b）中包含节点B的路径，为项集{B}创建子头表，结果子头表如图3.24（a）所示，子头表不为空，因此还需要再扫描图3.23（b）中包含节点B的路径，为项集{B}创建子树，所建子树如图3.24（b）所示。

name	sn	expSN	tew	weight	link
C	2	0.55	1.86	2.2	
D	2	0.43	1.516	2.2	

（a）the sub header table

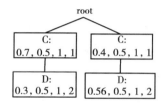

（b）the prefix UF–Tree of {B}

图3.24   项集{B}的子头表和子树UF–Tree

步骤4.5 按照处理头表 H 的方法，递归地处理图 3.24 中的子头表及树，结果在挖掘子树的过程中没有新的高期望权重项集产生。

步骤4.6 将当前处理项 B 从 base-itemset 中删除。

步骤5 按如下子步骤处理头表 H 中的项 A：

步骤5.1 重新计算项 A 的 tew 值，记为 ntew=0.55×0.5+0.4×2.5+0.6×2.5=2.775。

步骤5.2 因为项 A 的 ntew 值不小于 1.5，所以将项 A 添加到一个基项集 base-itemset。

步骤5.3 计算项集 {A} 的期望权重值，即 1.55×0.5=0.775，其期望权重值小于 1.5，因此该项集不是一个高期望权重项集。

步骤5.4 通过扫描图 3.23（b）中包含节点 A 的路径，为项集 {A} 创建子头表，结果子头表为空，因此不需要再为项集 {A} 创建子树。

步骤5.5 将当前处理项 A 从 base-itemset 中删除。

步骤6 按如下子步骤处理头表 H 中的项 D：

步骤6.1 重新计算项 D 的 tew 值，记为 ntew=0.4×2+0.3×2+0.8×2+0.56×2=4.12。

步骤6.2 因为项 D 的 ntew 值不小于 1.5，所以将项 D 添加到一个基项集 base-itemset。

步骤6.3 计算项集 {D} 的期望权重值，即 2.06×1.0=2.06，其期望权重值不小于 1.5，因此该项集是一个高期望权重项集。

步骤6.4 通过扫描图 3.23（b）中包含节点 D 的路径，为项集 {D} 创建子头表，结果子头表中只有一项 C，因此不需要再创建子树；但可以得到一个新的项集 {DC}，从图 3.23（b）中包含节点 D 的路径中，可以计算到项集 {DC} 的期望权重 2.628（0.32×2+0.21×2+0.56×2+0.224×2），因此该项集也是高期望权重项集。

步骤6.5 将当前处理项 D 从 base-itemset 中删除。

步骤7 按照以上处理头表 H 中各项的方法，继续处理头表 H 中未处理的各项，还可以得到一个新的高期望权重项集 {C}。

即在期望支持数为1.5的时候，则能从表3.15及表3.16中的数据挖掘到5个高期望权重项集：{E}、{B}、{D}、{DC}和{C}。

3.4.4 具有权重值的不确定数据流的频繁模式挖掘算法

本节介绍一种基于滑动窗口的数据流模式算法HEWI-DS，该算法中每个窗口由固定批大小的数据量组成，每批数据量中有固定个数的事务项集。算法HEWI-DS的主要任务是维护当前窗口中的数据和从当前窗口中挖掘频繁模式。

HEWI-DS将每批数据维护在一棵WUF-Tree中，对应头表中维护树上每项的支持数（sn）、期望支持数（$expSN$）、项的事务期望权重值（tew）、项的权重值（$weight$），以及项在树上所有节点信息（$link$）。当新来一批数据的时候，就将最老批次数据对应的树和头表删除，同时将新来批次的数据维护在一棵新的WUF-Tree树中及对应的头表中。在算法HEWI-DS中，每个事务项集都是按某一指定顺序（不失一般性，这里用字典顺序）排序，然后将项集上所有项都添加到WUF-Tree上；这里不需要先扫描一遍数据集创建头表，而是在创建树的同时，将项的信息保存到头表中，并且头表中项按字典顺序排序。

当用户需要从当前窗口中挖掘频繁模式的时候，就将当前窗口数据中对应的所有头表合并在一起产生一个新的头表，其中头表中$link$信息也要合并到新的头表中，然后利用3.4.3节中介绍的算法来处理当前新的头表和窗口中每批数据对应的树，即可从中挖掘出当前窗口数据中的频繁模式。当一次频繁模式挖掘执行完以后，删除新建的头表。这里执行算法HEWI-Mine的时候，相当于窗口中每批数据没有很好地压缩到一棵树上，这样增加了空间消耗，但是当需要删除最老批次数据的时候，可以直接删除最老批次数据对应的树和头表，从而可以提高数据更新的时间效率。

3.4.5 实验及结果分析

本节主要测试具有权重值的不确定数据集的频繁模式挖掘结果，并且算法HEWI-DS也是第一个数据流上的挖掘算法，同时该算法中每个窗口中的频繁模式挖掘主要采用算法HEWI-Mine，因此本节只将静态数据集上的挖掘算法HEWI-Mine和UF-Growth进行了对比。

　　分别在两个典型数据集 Retail 和 T10.I4.D100K 上测试算法 HEWI-Mine 的性能，其中 Retail 是一个真实数据集，T10.I4.D100K 是一个合成的数据集，数据集 T10.I4.D100K 是用 IBM 数据生成器[1, 173]产生的；这两个数据集都可以从 FIMI 网站[174]下载。由于这两个原始数据集中每个事务项集都没有概率值，因此也采用文献［109，115，120，121］中的方法，给每个事务项集的每一项随机生成一个范围在（0，1］的数作为概率值。另外这两个数据集中不包含事务项的权重表，这里给每项提供一个随机产生的权重值（0.1~10）；根据实际情况中，权重大的项比较少，所以这里随机产生的权重值分布也符合正态分布。

　　对比的算法是 UF-Growth，在相同的最小期望度情况下，主要对比两个算法挖掘的不同长度模式的分布情况。

　　所有测试算法都是用 Java 编程语言实现。测试平台配置如下：Windows XP 操作系统（64位），4GB Memory，Intel（R）Core（TM）i3-2100 CPU@3.10 GHz；Java 虚拟内存是 2GB。

　　表 3.17 和表 3.18 是两个算法分别在两个数据集上的测试结果，在相同的最小阈值情况下，HEWI-Mine 挖掘到的频繁模式比较多。在数据集 T10.I4.D100k 上，HEWI-Mine 挖到的最长频繁模式的长度是 5，而 UF-Growth 挖到的是 3。HEWI-Mine 挖到的结果主要是和数据集上各项权重值相关，如果权重小于 1 的项比较多，则会导致一项频繁模式的个数比较少，而长度较长的频繁模式个数相对会比较多。

表 3.17　Retail 上两个算法挖掘到频繁模式长度 k 分布

η（%）	UF-Growth				HEWI-Mine			
	$k=1$	$k=2$	$k=3$	$k=4$	$k=1$	$k=2$	$k=3$	$k=4$
0.1	964	362	40	2	2262	1566	117	2
0.2	324	103	16	0	1135	404	32	0
0.3	170	47	8	0	664	187	15	0
0.4	103	31	4	0	456	108	8	0
0.5	72	25	3	0	322	65	6	0
0.6	53	19	3	0	248	46	5	0

续表

η（%）	UF-Growth				HEWI-Mine			
	$k=1$	$k=2$	$k=3$	$k=4$	$k=1$	$k=2$	$k=3$	$k=4$
0.7	34	17	3	0	197	35	5	0
0.8	29	13	2	0	160	28	4	0
0.9	23	9	2	0	138	25	2	0
1	20	8	1	0	108	23	1	0

表3.18 T10.I4.D100K上两个算法挖掘到频繁模式长度 k 分布

η（%）	UF-Growth			HEWI-Mine				
	$k=1$	$k=2$	$k=3$	$k=1$	$k=2$	$k=3$	$k=4$	$k=5$
0.1	746	819	10	788	9478	2470	501	17
0.2	632	58	0	720	2941	621	21	0
0.3	520	3	0	652	1252	179	0	0
0.4	445	0	0	586	640	35	0	0
0.5	380	0	0	543	343	8	0	0
0.6	324	0	0	502	185	1	0	0
0.7	269	0	0	461	104	0	0	0
0.8	214	0	0	429	57	0	0	0
0.9	179	0	0	402	34	0	0	0
1	158	0	0	374	18	0	0	0

3.5 本章小结

本章首先介绍一个静态不确定数据集上的频繁模式挖掘算法 AT-Mine，该算法将事务项集中频繁项的概率有序地存储到一个数组中，再将事务项集中所有频繁项有序地存储到一棵 AT-Tree 上，并把事务项集概率数组在另一个数组中的下标索引存放到树上，因此 AT-Tree 既可以将带有不同概率的相同项压缩到一个节点上，同时也没有丢失项集的概率信息；然后 AT-Mine 采用模式增长的方式，从树上挖掘到所有频繁模式，不需要再次扫描数据集。实验结果表明，算法 AT-Mine 在不同的实验参数下都能取得较好的时空性能。

接下来，本章主要介绍一个动态不确定数据集上的频繁模式挖掘算法 UDS-FIM，该算法采用滑动窗口的方法来处理数据流中的数据，首先将窗口中数据分批存储到一棵全局 UDS-Tree 上，每批数据在全局树上的尾节点存放到一个尾节点表，这样可以快速地删除老数据；当从 UDS-Tree 上挖掘当前窗口中的频繁模式的时候，将每个叶子节点上都附加一个字段来存放该节点上项集概率信息的备份，这样既可以保证得到树上每层节点对应项集的概率信息，同时也不影响下一个窗口中的数据。UDS-FIM 只需要一遍数据集的扫描，同时能将窗口中数据紧凑地压缩到一棵树上，实验结果也验证了 UDS-FIM 的时空效率比较高。

本章的最后，还介绍了一个新的不确定数据的挖掘模型，该模型将事务项集的权重也考虑到挖掘模型中，尽管一些项集的期望支持数比较少，但是它的权重值比较大，这些项集也是该模型挖掘的范围；同时本书也介绍了一种相应的挖掘算法。

第4章　高效用模式挖掘算法

4.1 引言

传统数据集中频繁模式挖掘仅仅考虑了一个项集在多少个事务项集中出现，它并没有考虑项集的效用值，而效用值可以度量项集的成本、利润数或其他重要度等信息。例如在传统数据集的购物单中，只考虑一个购物单中包含了哪些商品，而没有考虑一个购物单中每个商品的数量，同时也没有考虑单位商品所能产生的利润，然而在现实的很多应用中，购物单中商品的数量以及每种商品的单位利润都是很重要的，如表1.3和表1.4中的数据，该类数据中的高效用模式可以用来最大化一个企业的商业利润，这里称此类数据为带有效用的数据集。

针对已存在算法需要高估项集的效用值，从而会产生大量候选项集的问题，在本书第2章和第3章已完成工作［73，165-167，175-178］的基础上，本章介绍一种新的树结构来维护事务项集和高效用值，从而可以从树上直接得到项集的准确效用值，就不需要通过产生候选项集来挖掘高效用项集。相对KDD会议和TKDE期刊上最新发表的论文UP-Growth算法，本章介绍的算法的时间效率能提高1~2个数量级。

4.2 一种不产生候选项集的高效用模式挖掘算法

已存在的高效用模式挖掘算法通过项集枚举[133，141]或候选项集[126，128，130-132，134-137，140，179-184]方法进行高效用模式挖掘，其中枚举算法通过剪枝策略有效地提高挖掘的时间效率。而候选项集算法是目前主要研究算法，主要通过高估候选项集的效用值来剪枝，需要通过候选项集来挖掘高效用模式，不管是采用层次方式还是模式增长方式都会影响挖掘的效率，特别当最小效用值设定比较小的时候，会产生大量候选项集，甚至会产生项集组合爆炸问题。本节介绍一种新的树结构来维护事务项集，并能从树中得到任一项集的准确效用值，而不需要高估项集的效用值来产生候选项集，从而可以有效地提高算法的时间和空间效率。

4.2.1 相关定义与问题描述

设一个具有效用值的数据集 $D_{ut}=\{t_1, t_2, t_3, \cdots, t_n\}$ 共包含 m 个不同项，即 $I_{ut}=\{i_1, i_2, \cdots, i_m\}$，并且是一个由 n 个事务组成的事务数据集，其中 t_j（$j=1, 2, 3, \cdots, n$）表示数据集中第 j 个事务项集（j 可以称为事务项集的 ID），每个事务项集是由不同的项组成的，并且每个事务项集中还包含有项的个数，每个事务项集 t_j 可以表示为 $\{(x_1: c_1), (x_2: c_2), \cdots, (x_v: c_v)\}$（$v$ 为事务项集长度），其中 $x_k \in I_{ut}$（$k=1, 2, \cdots, v$），c_k 是项 x_k 在事务项集中的数量，记为 $q(x_k, t_j)$，c_k 也称为项 x_k 的内部效用值；项集 I_{ut} 中每一项 i_r（$1 \leqslant r \leqslant m$）的权重值（或单位利润、重要度、兴趣度）记为 $p(i_r)$，该权重值也称为项 i_r 的外部效用值。$|D_{ut}|$ 表示数据集 D_{ut} 中事务总数（数据集的大小）。

定义 4.1 项 x 在事务 t 中的效用值，记为 $u(x, t)$，其定义如下：

$$u(x, t) = p(x) \times q(x, t) \tag{4.1}$$

例如，在表 1.3 和 1.4 中，$u(B, t_1) = 4 \times 3 = 12$。

定义 4.2 项集 X 在事务 t 中的效用值，记为 $u(X, t)$，其定义如下：

$$u(X, t) = \begin{cases} 0 & , X \nsubseteq t \\ \sum_{x \in X} u(x, t), & X \subseteq t \end{cases} \tag{4.2}$$

例如，在表 1.3 和表 1.4 中，$u(\{BC\}, t_1) = u(B, t_1) + u(C, t_1) = 12 + 3 = 15$。

定义 4.3 项集在一个数据集中的效用值：项集 X 在一个数据集 D_{ut} 中的效用值，记为 $u(X)$，其定义如下：

$$u(X) = \sum_{t \in D_{ut}} u(X, t) \tag{4.3}$$

例如，在表 1.3 和表 1.4 中，$u(\{BC\}) = u(\{BC\}, t_1) + u(\{BC\}, t_2) + u(\{BC\}, t_3) + u(\{BC\}, t_5) = 15 + 8 + 13 + 8 = 44$。

定义 4.4 一个事务 t 的效用值，记为 $tu(t)$，其定义如下：

$$tu\ (t) = \sum_{x \in t} u\ (x,\ t) \tag{4.4}$$

例如，在表中，$tu\ (t_3) = u\ (B,\ t_3) + u\ (C,\ t_3) = 9 + 4 = 13$。

定义 4.5 数据集总的效用值：一个数据集 D_{ut} 的总效用值，记为 $Ttu\ (D_{ut})$，其定义如下：

$$Ttu\ (D_{ut}) = \sum_{t \in D_{ut}} tu\ (t) \tag{4.5}$$

例如，对表 1.3 和表 1.4 中的数据集：

$$Ttu\ (DB) = \sum_{i=1}^{7} tu\ (t_i) = 24 + 15 + 13 + 15 + 44 + 31 + 30 = 172$$

定义 4.6 最小效用阈值（Minimum Utility Threshold）是用户预定义的一个大于 0 小于 1 的值 $minUT$，在一个数据集 D_{ut} 中，最小效用值 $minUti$ 定义如下：

$$minUti = minUT \times Ttu\ (D_{ut}) \tag{4.6}$$

定义 4.7 在一个数据集中，一个项集的效用值不小于预定义的最小效用值，则该项集就是一个高效用模式。

定义 4.8 项集的事务权重效用值（transaction-weighted-utilization，twu）：在一个数据集 D_{ut} 中，一个项集 X 的事务权重效用值，记为 $twu\ (X)$，定义如下：

$$twu\ (X) = \sum_{t \in \{T \in D_{ut} : X \subseteq T\}} tu\ (t) \tag{4.7}$$

其是包含该项集的所有事务效用值的和，例如，$twu\ (\{EG\}) = tu\ (t_2) + tu\ (t_6) = 15 + 31 = 46$。

定义 4.9 高效用模式（高效用项集）的候选项集与非候选项集：一个项集/项 X 的 twu 值不小于预定义的最小效用值，则该项集/项就是一个候选项集/项（也称为 promising itemset/item），否则就是非候选项集/项（也称为 unpromising itemset/item）。

性质 4.1 项集的事务权重效用值满足闭包属性[128]：任一个候选项集的非空子集也是一个候选项集，任一个非候选项集的超集也是一个非候选项集。

4.2.2 TNT-HUI 算法

算法 TNT-HUI 首先通过两遍数据集的扫描，将事务项集及效用值信息保存到一棵 TN-Tree 上；然后采用模式增长的方式，通过挖掘这棵 TN-Tree 就可以找到所有的高效用模式，不需要再次扫描数据集。算法 TNT-HUI 主要包含两部分：构建 TN-Tree 和从树上挖掘高效用模式。

1. TN-Tree 树上节点结构

TN-Tree 树上的节点分为两种：一般节点和尾节点。每个节点 N 上都记录项名（*N.Name*）、父节点（*N.Parent*）和孩子节点（*N.Children*），除此之外，尾节点 N 还记录以下信息：

N.sn——路径项集的个数（详见下文的 TN-Tree 的创建）；

N.bu——基项集的效用值（详见下文的 TN-Tree 挖掘高效用模式的算法和
　　　　例子）；

N.piu——路径项集上各项的效用值；

N.su——路径项集上各项效用值的总和（列表 *N.piu* 中所有值的和）。

尾节点以上 4 个信息称为尾节点 N 的尾信息（*tail-information*），也称为尾节点 N 的路径项集信息。

每棵树都对应一个头表，头表中记录了每项的项名（*item*）、事务权重效用值（*twu*）、支持数（*sn*）和同名节点的链接信息（*link*），如图 4.1（a）所示。

2. TN-Tree 树的构建

TN-Tree 的创建方法同 FP-Tree[5]，只是 TN-Tree 上节点结构和 FP-Tree 不同，TN-Tree 的构建需要两遍数据集的扫描。

第一遍数据集扫描是为创建头表：统计数据集中每项的支持数（*sn*）和事务权重效用值（*twu*），将事务权重效用值小于最小效用值的项从头表中删除，头表中剩余项按支持数从大到小排序。

第二次扫描数据集，按如下的方法将事务项集及项集中各项的效用值压缩到一棵 TN-Tree 上：①删除事务项集中不在头表中的项；②事务项集中项按头表顺序排序；③有序的事务项集添加到一棵 TN-Tree，尾节点上保存尾信息。下面通过一个例子说明事务项集添加到 TN-Tree 树的详细过程。

3. 实例：TN-Tree 的构建

以表 1.3 和 1.4 中数据为例，设最小效用值为 70。第一遍数据集扫描得到如图 4.1（a）中的头表；事务项集添加到一棵树上结果如下：

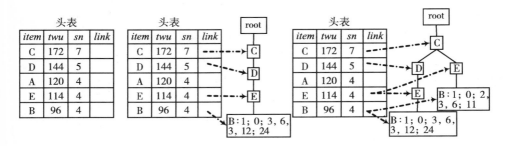

（a）头表　　　（b）添加第一个事务后的TN-Tree　　　（c）添加前两个事务后的TN-Tree

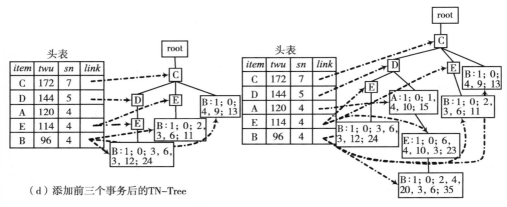

（d）添加前三个事务后的TN-Tree

（e）添加前六个事务后的TN-Tree

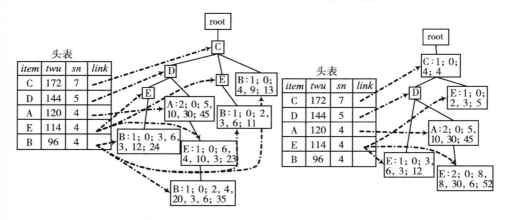

（f）添加所有事务后的TN-Tree　　　（g）将节点B上的尾信息
传给父节点后的TN-Tree

图4.1　TN-Tree的构建

（1）如表1.3中第1个事务，该事务项集不包含非候选项（不在头表4.1（a）中的项）；按头表的顺序排序，得到项集{CDEB}，然后添加到一棵TN-Tree上，结果如图4.1（b）所示，其中节点B是一个尾节点，该节点上的第一个数值"1"是表示该尾节点项集的个数，第二个数值"0"是基项集的效用值（由于这棵树的基项集是空，因此效用值也为0），数值列表"3，6，3，12"分别是路径上项C、D、E和B的效用值，最后的"24"是数值列表"3，6，3，12"中所有值的总和。

（2）图4.1（c）是第二个事务项集添加到树上后的结果，其中它和第一个事务项集共享一个节点C。

（3）图4.1（d）是前三个事务项集添加到树上后的结果。

（4）图4.1（e）是前六个事务项集添加到树上后的结果。

（5）图4.1（f）是所有事务项集添加到树上后的结果，当添加第七个事务项集到树上的时候，由于已经存在路径root-C-D-A，并且路径上的节点A已经是一个尾节点了，所以这里只将第七个事务项集对应的项集效用信息累加到已存在的尾部节点上即可。

图4.1（f）是用所有事务项集创建的一棵TN-Tree树，这棵树称为全局TN-Tree，其对应的头表称为全局头表。因为全局树不存在基项集，因此全局树上所有尾节点的基项集效用值（*bu*）的初始值都设为0。

4. 从TN-Tree上挖掘高效用模式的算法

图4.2是从TN-Tree上挖掘高效用模式的算法，算法中的 *T* 是一棵全局TN-Tree，*H* 是全局头表，基项集 *base-itemset* 的初始值为空。按如下步骤，从头表 *H* 的最后一项开始，依次处理头表 *H* 中每项：

步骤1　*Q.link* 中记录了树 *T* 上所有项是 *Q* 的节点，假设共包含 *k* 个节点 N_1，N_2，…，N_k；因为是从头表的最后一项开始处理，并且处理完之后，将项在树上的所有节点对应的尾信息传递给父节点（见图4.2中算法的17行），因此当前处理的每项对应的节点上都有尾信息。依据尾节点上存放的尾信息，可以得到如下三个值：① $BU = \sum_{i=1}^{k} N_i.bu$；

② $SU = \sum_{i=1}^{k} N_i.su$；③ $NU = \sum_{i=1}^{k} N_i.nu$（$N_i.nu$ 指 $N_i.piu$ 中项 *Q* 的效用值）。

步骤 2 如果 *BU+SU* 的值小于预定义的最小效用值，则执行步骤 3；否则，将
当前处理项 Q 添加到基项集 *base-itemset* 中，并执行以下子步骤：

步骤 2.1 如果 *BU+NU* 的值不小于预定义的最小效用值，则 *base-itemset* 就
是一个高效用模式（图 4.2 中算法的 11~13 行）。

Procedure : **MiningHUIs**(*T*, *H*, *base-itemset*)

Input: A TN-Tree *T*, a header table *H*, an itemset *base-itemset* (*base-itemset* is initialized as null).

Output: HUIs (high utility itemsets)

Begin

(1) **For each** item *Q* in *H* **do** //**from the last item of** *H*

(2)   float *BU*=0, *SU*=0, *NU*=0;

        //**Step 1: calculate** *BU, SU, NU*

(3)   **For each** node *N* for the item *Q* in *T* **do**

(4)   *BU*+= *N.bu*;

(5)   *SU*+= *N.su*;

(6)   *NU*+= *N.nu*; //*N.nu is a utility for item* Q *in the list N.piu*

(7)   **End for**

        //**Step 2: generate high utility itemset and create sub TN-Tree**

(8)   **If** (*BU+SU*≥*min_uti*) **then**

(9)   *base-itemset* = *base-itemset* ∪ {*Q*};

(10)   Create a sub TN-Tree *subT* and a header table *subH* for *base-itemset* ;

(11)   **If** (*BU+NU*≥*min_uti*) **then**

(12)   Copy *base-itemset* into HUIs;

(13)   **End if**

(14)   **Mining**(*subT*, *subH*, *base-itemset*);

(15)   Remove item *Q* from itemset *base-itemset*;

(16)   **End if**

        //**Step 3:**

(17)   Move each tail-node's *tail-information* to its parent;

(18) **End for**

(19) **Return** HUIs;

End

图 4.2　从 TN-Tree 上挖掘高效用模式的算法

步骤2.2 按如下方法构建子头表和子树（图4.2中算法的10行）：①扫描 k 个节点的路径项集及节点上的效用信息（这里相当于扫描了一个包含 k 个项集的子数据集，这里记为 $subD$），可以得到一个子头表 $subH$（子头表的创建同全局头表的创建，只是扫描的数据集不同，最小效用值是相同的）；②如果 $subH$ 不为空，则再次扫描 $subD$，将 $subH$ 中每个事务项集（或称为子事务项集）添加到一棵子TN-Tree 上，子TN-Tree 的创建同全局 TN-Tree 的创建，只是这里将每个项集中 base-itemset 的效用值存放到尾节点的基效用值 bu 上（详见下文的例子，其中每个子事务项集中基项集的效用值称为基效用值（bu））；③将当前新建的子头表和子树及 base-itemset 作为输入参数，递归的执行挖掘算法（图4.2中算法的14行）。

步骤2.3 将当前处理的项 Q 从 base-itemset 中删除（图4.2中算法的15行）。

步骤3 按如下的方法将这 k 个节点上的尾信息移动到父节点：①从每个节点的 piu 的列表值中删除项 Q 的效用值；②将每个节点的 su 值中减去项 Q 的效用值；③如果父节点上包含有尾信息，将①和②中修改好的效用信息累加到父节点的尾信息中，否则移动修改好的尾信息到父节点上。

步骤4 处理当前正在被处理头表的下一项。

5. 实例：从 TN-Tree 上挖掘高效用模式

下面以图4.1（f）中的全局 TN-Tree 为例，详细说明从树上挖掘高效用模式的过程。在图4.1（f）中的头表 H 和树 T 中，项 B 是头表中最后一项，算法首先通过扫描树 T 上所有节点 B，计算 $BU=0$，$SU=24+35+11+13=83$，$NU=12+6+6+9=33$；因为 $BU+SU=83>70$，则将项 B 添加到一个基项集 base-itemset（初始值为空），得到项集 base-itemset = {B}，但是因为 $BU+NU=33<70$，则基项集不是一个高效用模式；因为 $BU+SU=83>70$，则为基项集 base-itemset={B} 创建子树和子头表，子头表和子树的创建方法如下：

（1）扫描树 T 上所有节点 B 到根节点的路径以及节点 B 上的尾信息（这里相当扫描有4个项集组成的子数据集 $subD_B$，如图4.3（a）所示，其中每项之后的数值表示该项的效用值），可以计算到路径上所有项的支持数（sn）和事务效用值（twu），图4.3（b）中的头表就是项集{B}的子头表，子头表中不包含局部非候选项（子数据集中的非候选项称为局部非候选项）。

（2）再次扫描子数据集 $subD_B$，按上文中的步骤2.2的方法将子数据集中事务项集添加到一棵子TN-Tree上，如图4.3（b）中的树就是项集{B}的子树。

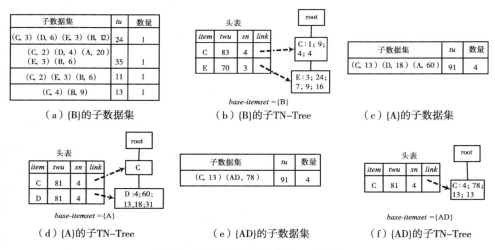

图4.3 挖掘高效用模式的一个例子

新的子头表和子树创建好后，需要递归地处理新的子头表和子树。如图4.3（b）中头表的最后一项 E，计算 $BU=24$，$SU=16$，$NU=9$；因为 $BU+SU=40<70$，则不需要进一步处理项 E。同样对于图4.3（a）中头表的项 C，也不需要进一步处理。

当新建的子头表处理完后，则递归回到上一层，继续处理图4.1（f）中节点 B 上的尾信息，从节点 B 上的 piu 值中和 su 值中删除或减去项 B 的效用值，然后将修改后的尾信息传递给父节点，如图4.1（f）中路径root-C-D-E-B上的尾信息传递给节点 E 后，如图4.1（g）中路径root-C-D-E上的尾信息；如果父节点上已经包含有尾信息，则将被传递的尾信息累加到父节点上即可；图4.1（f）中所有节点 B 上的尾信息传递给父节点后，结果如图4.1（g）所示。

接下来，将项 B 从基项集 base-itemset 中删除，然后依次处理头表 H（图4.1（f））中未处理的项。图4.3（c，d）是项集{A}对应的子数据集、子头表和子树，当处理新的子头表中项 D 时，得到 $BU=50$，$SU=31$，$NU=18$；因为 $BU+SU=81>70$，而 $BU+NU=68<70$，因此当前基项集 base-itemset={AD} 不是一个高效用

模式，但是需要继续为该项集创建一个子头表和子树，如图4.3（e，f）所示，在处理新的子头表的时候，会得到一个新的高效用模式{ADC}。

处理完一个子头表中的所有项，算法的递归都会回退一层，继续处理上一层头表中未处理的项；如，当处理完图4.3（f）中所有项的时候，算法的递归回退一层，继续处理图4.3（d）中未处理的项，直到全局头表中所有项处理完为止。

4.2.3 算法分析

定理 4.1　假设项 Q 是数据集 DB 中的一个非候选项，则任一包含项 Q 的项集 X 都不是高效用模式。

证明：根据性质4.1，项集 X 是一个非候选项集，即 twu（X）小于预定义的最小效用值；根据定义4.3和定义4.8，u（X）$\leqslant twu$（X），因此 u（X）一定也小于最小效用值，所以项集 X 一定不是高效用模式。

根据定理4.1，算法 TNT-HUI 删除了全局头表中非候选项和子头表中所有的局部非候选项，不会导致高效用模式的丢失。

定理 4.2　假设树 T 是数据集 DB 对应的一棵 TN-Tree，而且最小效用值为 $minUT$，则树 T 上包含了挖掘数据集 DB 上高效用模式的所有信息。

证明：基于TN-Tree的构建过程，数据集DB中相同的项集（这里的相同不包含项的数量也相同）被映射到树 T 的同一个路径上，并且在这些相同项集中，每项效用值的和也被保存到尾节点的 piu 字段中，因此任一个项集 X 的效用值，都可以从包含 X 的事务项集在树上对应的尾节点中计算到。综上分析，树 T 上包含了挖掘数据集 DB 上高效用模式的所有信息。

定理 4.3　假设一个数据集 DB，$subDB$ 是项集 X 在 DB 中对应的子数据集（子数据集定义见4.2.2节中算法及挖掘的例子），Y 是 $subDB$ 中的一个项集，并且 $X\cap Y=\varnothing$，则项集 $X\cup Y$ 在 DB 中的效用值等于项集 $X\cup Y$ 在 $subDB$ 中的效用值。

证明：根据子数据集的产生过程（见4.2.2节中算法及挖掘的例子），则 DB 中所有包含项集 X 的事务项集都映射到 $subDB$ 中，因此包含项集 X 和 Y 的事务项集都被映射在子数据集 $subDB$ 中，所以项集 $X\cup Y$ 在 DB 中的效用值等于项集

$X \cup Y$ 在 $subDB$ 中的效用值；并且只要项集 $X \cup Y$ 在 $subDB$ 中的效用值不小于最小效用值，则该项集在 DB 中就是一个高效用模式。

4.2.4 实验及结果对比分析

高效用模式挖掘算法的性能测试，常用的测试数据集见表 4.1，其中表中第四和第五个数据集是一个由 IBM 数据产生器[1, 173]产生，其他 5 个数据集都是真实数据集。表中前六个数据集都是传统的数据集，都不包含项的内部和外部效用值，因此在本节的实验中，也采用文献［128，132，135，137］中方法，事务项集中项的个数（内部效用值）都是随机产生的一个小于 10 大于 0 的整数；项的单位效用值（外部效用值）也是随机产生的一个数值（大于等于 0.0100，小于等于 10.0000）；因为在现实中，单位效用值高的项比较少，因此这里随机产生的外部效用值的数量还符合对数正态分布，如图 4.4 中是其中 3 个数据集的外部效用值的数量分布；原始数据集 Chess、Mushrom、T10.I4. D100K 和 Reatail 是从 FIMI 网站[174]下载。数据集 Chain-store 是 California 一家连锁超市产生的数据[185]。表 4.1 中列出测试数据集的特征，其中第二列是数据集中包含不同项的个数，第三列是事务项集的平均长度，第四列是数据集中事务项集个数（数据集的大小），第五列是数据的稀疏度（其值越大越稠密，越小就越稀疏）。其中稀疏度值小于 10 的数据集称为稀疏数据集，否则就是一个稠密数据集[186]。

表 4.1　测试数据集的特征

数据集	I	AS	T	DS
Chess	76	37	3196	48.68%
Mushroom	119	23	8124	19.33%
Connect	129	43	67557	33.33%
T10.I4.D100K	1000	10	100000	1%
T10.I6.D100K	1000	10	100000	1%
Retail	16470	10.3	88162	0.06%
Chain-store	46086	7.2	1112949	0.0156%

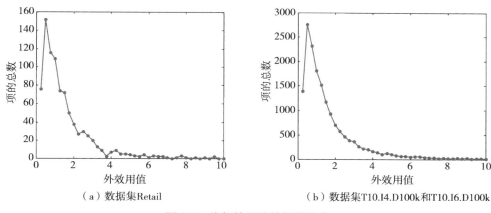

（a）数据集Retail   （b）数据集T10.I4.D100k和T10.I6.D100k

图4.4　外部效用值的数量分布

为了对比算法 TNT-HUI 的性能，本节设计四个对比算法：①UP-UPG [131]，该算法采用 UP-Tree 和 UP-Growth 算法挖掘候选高效用模式；②UP-FPG [131]，该算法采用 UP-Tree 和 FP-Growth 算法挖掘候选高效用模式；③TNT$_{sn}$-HUI，该算法中 TN-Tree 上节点按各项的支持数从大到小排序；④TNT$_{twu}$-HUI，该算法中 TN-Tree 上节点按各项的 twu 值从大到小排序。这四个算法都是采用 Java 编程语言实现，其代码上传网站（http：//code.google.com/p/tnt- hui/downloads/list）。

这部分的实验平台采用两个，其中数据集 Chess、Mushromm、T10.I4.D100K、T10.I6.D100K 和 Retail 采用的实验平台：Windows XP operating system，2GB Memory，AMD Athlon（tm）CPU 3500+@2.21 GHz；Java heap size is 512MB；数据集 Chain-store 采用的实验平台：Windows 7 operating system，4G Memory（2.99G is used），Intel（R）Core（TM）i5-2300 CPU @ 2.80 GHz；Java heap size is 1.5GB。

根据数据集的稀疏度，将实验分为两部分：稀疏数据集上的实验和稠密数据集上实验。

1. 稠密数据集上的实验

数据集 Chess 和 Mushroom 是两个典型的稠密数据集，在两个数据集上，表4.2 和表 4.3 列出 4 个算法创建树的棵数，以及 UP-Growth（UP-UPG 和 UP-FPG）产生的候选项集的个数。从两个表中很容易看出，算法 TNT-HUI（TNT$_{sn}$-

HUI 和 TNT_{twu}-HUI）创建树的棵数小于UP-Growth。从表中也可以看出，既是没有高效用模式产生，UP-Growth 也会产生很多候选项集，甚至在最小效用阈值较小的时候，发生内存溢出。

表4.2　数据集 Chess 上的分析数据

$minUT$ (%)	高效用模式个数（个）	树的棵数（棵）				候选项集个数（个）	
		TNT_{sn}-HUI	TNT_{twu}-HUI	UP-UPG	UP-FPG	UP-UPG	UP-FPG
50	0	5	5	5	167	66	365
45	0	14	16	44	9506	290	19040
40	0	23	23	6449	133013	15094	266081
35	0	43	40	160426	内存溢出	345133	内存溢出
30	0	246	261	内存溢出			
25	1745	5066	5205				
20	99269	155062	156755				

表4.3　数据集 Mushroom 上的分析数据

$minUT$ (%)	高效用模式个数（个）	树的棵数（棵）				候选项集个数（个）	
		TNT_{sn}-HUI	TNT_{twu}-HUI	UP-UPG	UP-FPG	UP-UPG	UP-FPG
30	0	3	3	3	4	31	32
25	4	25	25	82	253	234	521
20	24	77	77	734	1289	1608	2586
15	241	609	622	17013	24977	36948	49955
10	11524	13897	13951	54282	95291	112385	190583
5	222461	203527	222461	内存溢出			

图4.5 和图4.6是四个算法的运行时间对比结果。为了使各个算法在不同最小阈值下的运行时间看起来比较明显，将UP-Growth 和 TNT-HUI 的算法运行时

间对比分开或者部分分开。在数据集 Chess 上，TNT-HUI 的运行时间都少于 14s；而算法 UP-Growth 在阈值是 35% 的时候，已经达到 2860s 了，在阈值取 30% 的时候，由于产生过多候选项集，UP-Growth 发生了内存溢出；同时在数据集 Mushroom 上有同样的结果，如图 4.6 所示。随着最小效用阈值的降低，会产生更多的高效用模式，同时算法 UP-Growth 产生的候选项集也会增加，算法运行的时间也会增加，如果高效用模式越多，相对挖掘的时间也会增加得越多。如在数据集 Chess 上，当阈值取 40% 的时候，算法 UP-UPG 产生的候选项集个数突然增加，因此该算法运行时间也相应突增，如图 4.5 所示，同样在数据集 Mushroom 上，当阈值取 15% 的时候，UP-Growth 的运行时间也突然增加，如图 4.6（b）所示。

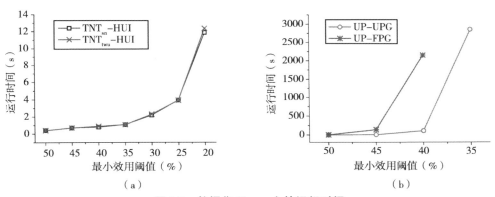

图 4.5　数据集 Chess 上的运行时间

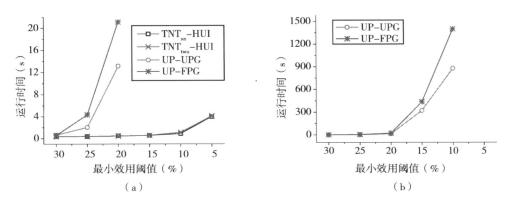

图 4.6　数据集 Mushroom 上的运行时间

2. 稀疏数据集上的实验

表4.4~表4.7列出了四个算法分别在四个稀疏数据集（表4.1中的T10.I4.D100K、T10.I6.D100K、Retail、Chain-store）上创建树的棵数及产生候选项集的个数。同在稠密数据集上的实验结果，算法 TNT-HUI 创建树的棵数相应都小于 UP-Growth 的，因此算法 TNT-HUI 的时间效率优于算法 UP-Growth，图4.7~图4.10是算法在四个稀疏数据集上运行时间对比。由于数据集稀疏的特点，相对稠密数据集，UP-Growth 产生候选项集个数和四个算法创建树的棵数都比较少，因此稀疏数据集上的挖掘速度比较快。但是算法 TN-Tree 的时间和空间性能仍明显优于 UP-Growth，在数据集 Retail 上，算法 UP-Growth 还发生内存溢出。

表4.4　数据集 T10.I4.D100K 上的分析数据

$minUT$ (%)	高效用模式个数（个）	树的棵数（棵）				候选项集个数（个）	
		TNT_{sn}-HUI	TNT_{twu}-HUI	UP-UPG	UP-FPG	UP-UPG	UP-FPG
1	7	3	3	4	4	420	420
0.9	11	4	3	4	4	443	443
0.8	17	6	6	8	9	485	486
0.7	22	10	12	17	18	536	538
0.6	32	29	30	39	59	629	656
0.5	44	62	65	115	148	816	863
0.4	73	170	191	369	598	1413	1815
0.3	129	414	453	1719	2199	4222	5015
0.2	1027	1478	1581	4588	5505	10455	11947
0.1	5705	4724	5037	10803	11854	24661	26238

表 4.5　数据集 T10.I6.D100K 上的分析数据

minUT (%)	高效用模式个数 (个)	树的棵数 (棵)				候选项集个数 (个)	
		TNT$_{sn}$-HUI	TNT$_{twu}$-HUI	UP-UPG	UP-FPG	UP-UPG	UP-FPG
0.6	28	1	1	1	1	617	617
0.5	34	1	1	1	1	667	667
0.4	50	1	1	1	1	720	720
0.3	79	1	1	1	1	786	786
0.2	131	53	59	74	92	966	993
0.1	524	1011	1103	4399	7974	12867	19454
0.09	906	1540	1665	9058	20224	24785	45538
0.08	1690	2412	2503	23823	33709	56803	74783
0.07	3960	4892	5075	41833	58777	97560	128010
0.06	10504	11754	12250	72789	85935	163060	186203

表 4.6　数据集 Retail 上的分析数据

minUT (%)	高效用模式个数 (个)	树的棵数 (棵)				候选项集个数 (个)	
		TNT$_{sn}$-HUI	TNT$_{twu}$-HUI	UP-UPG	UP-FPG	UP-UPG	UP-FPG
1	5	5	5	5	5	190	190
0.8	11	7	7	8	8	289	289
0.6	21	14	14	14	14	480	480
0.4	41	29	30	33	35	892	894
0.2	125	261	277	314	339	2492	2518
0.1	456	1803	1891	2547	2930	8134	8549
0.08	652	2622	2710	3889	4413	11263	11873
0.06	1101	3732	3791	6073	7136	16708	18099
0.04	2203	5431	5486	12075	12579	31599	41003
0.02	6902	9809	9926				

表 4.7 数据集 Chain-store 上的分析数据

minUT (%)	高效用模式个数（个）	树的棵数（棵）				候选项集个数（个）	
		TNT$_{sn}$-HUI	TNT$_{twu}$-HUI	UP-UPG	UP-FPG	UP-UPG	UP-FPG
0.12	63	23	23	23	23	3106	3106
0.11	69	28	28	28	28	3450	3450
0.1	80	40	38	38	40	3880	3882
0.09	94	49	53	53	56	4386	4389
0.08	117	67	67	68	70	4964	4966
0.07	153	124	128	128	132	5718	5722
0.06	196	207	207	209	214	6702	6709

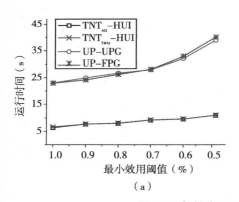

图 4.7 数据集 T10.I4.D100K 上的运行时间

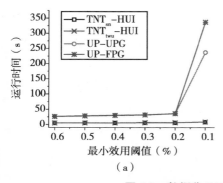
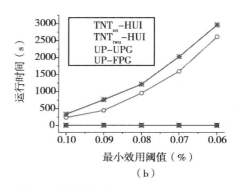

图 4.8 数据集 T10.I6.D100K 上的运行时间

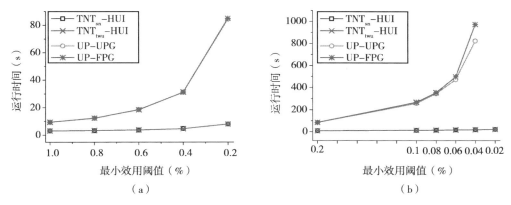

（a） （b）

图4.9 数据集Retail上的运行时间

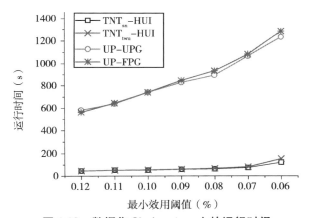

图4.10 数据集Chain-store上的运行时间

由以上的实验可知：算法TNT-HUI的时空性能优于算法UP-Growth，且该算法的时间性能比较稳定；另外，TNT_{sn}-HUI的时间效率可以提高1~2个数量级，特别是在稠密数据集上。

4.3 数据流的高效用模式挖掘算法

由于数据流的连续性和无界性特征，需要挖掘数据流中的高效用模式的算法有更好的时间和空间性能。据目前所知，现存算法通过枚举项集的方法或者产生候选项集的方法来挖掘高效用模式，特别是当数据集中包含较多的长项集或者最小效用阈值设得比较低的情况下，这些算法的性能就会受到更大的影响；另外候选项集的方法需要最小两次数据集的扫遍。

　　针对已存在的问题，本节在4.2节算法的基础上，结合滑动窗口技术，介绍一种算法HUM-UT，该算法首先通过一遍数据的扫遍，将数据流中数据存放到一棵UT-Tree（Utility on Tail Tree 上）；然后通过这棵树就可以挖掘到所有的高效用模式，不再需要另外扫描数据集。

4.3.1 问题描述

　　基于滑动窗口的数据流高效用模式挖掘就是从当前窗口中挖掘出所有高效用模式；窗口的最小效用值是窗口中全部数据的效用和与最小效用阈值的乘积。这里可以将基于滑动窗口的数据流高效用模式挖掘问题分为如下几个子问题：①数据流中被用户关注数据的维护；②当新数据到来时，如何快速地更新被维护的数据；③如何高效挖掘高效用模式。

4.3.2 HUM-UT算法

　　算法HUM-UT采用滑动窗口方法，每个窗口中包含固定批数的数据，并且每批数据都由固定个数的事务组成。当窗口数据已满的时候，每新来一批数据，都会将窗口中最老的数据删除，即窗口中总是保存最近固定批数的数据。算法HUM-UT将窗口中的数据保存在一棵UT-Tree上，当用户需要挖掘高效用模式的时候，直接从树上挖掘即可。HUM-UT算法主要包含三个过程：①创建UT-Tree来维护数据流中被关注的数据；②当新来一批数据时，对UT-Tree进行更新；③从UT-Tree中挖掘高效用模式。

　　1. UT-Tree树上节点结构

　　UT-Tree树上的节点分为两种：一般节点和尾节点。每个节点N上都记录项名（$N.Name$）、父节点（$N.Parent$）和孩子节点（$N.Children$）；另外，尾节点N上还记录该节点路径项集中各项的的效用值（$N.piu$），并且各项的效用值分批存储。

　　2. UT-Tree树的构建

　　当新来第一批数据时，都按如下方法将每个新来的事务项集添加到一棵UT-Tree上：首先将事务项集中项按某一指定顺序排序（不失一般性，这里用字典顺序）；将有序的事务项集及项集的各项效用值保存到树上。当再新来一批数据的时候，首先将该批事务项集维护在一棵TN-Tree上，事务项集添加到 TN-Tree 上的顺序同 UT-Tree；并且事务项集添加到 TN-Tree 上之前，不需要删除任何项；当一批数据中的所有项集添加到 TN-Tree 后，就将这棵 TN-Tree 合并到 UT-Tree 上。下面通过一个例子详细说明 UT-Tree 的构建过程。

3. 实例：UT-Tree 树的构建

以表 4.8 和表 4.9 中的数据为例，这里设定 $w=3$、$p=2$。首先需要初始化一棵 UT-Tree，其根节点为空。将表 4.8 中第一批数据添加到这棵 UT-Tree 上，结果如图 4.11（a）所示，只在项集的尾节点上保存该项集的效用值信息，例如尾节点 "f：{24，40，1}，{}，{}" 中第一个 {} 中值表示路径 root-d-e-f 上节点 d、e 和 f 的效用值，并且是第一批数据中的效用值，其中三个 {} 分别存储三批数据中对应的效用值。

表 4.8　高效用数据集实例

事务	事务项集	tu
t_1	（d，3）（e，4）（f，1）	65
t_2	（a，2）（c，8）（g，2）	30
t_3	（b，2）（c，8）（d，2）	52
t_4	（a，4）（b，8）	56
t_5	（b，3）（e，2）	38
t_6	（a，6）（b，5）　（d，4）	74
t_7	（a，2）（b，2）（c，7）	37
t_8	（a，4）（b，4）（d，5）（e，3）（f，1）	103

表 4.9　利润（外部效用）表

项	利润	项	利润
a	2	e	10
b	6	f	1
c	3	g	1
d	8		

当第二批数据来的时候，先用第二批数据建一棵TN-Tree，如图4.11（b）所示，该树的尾节点上{}保存路径项集中各项的效用值；当这棵TN-Tree建好后，再合并到第一棵树4.11（a）中，这时候，需要把项集的效用值保存到全局树尾节点的第二个{}中，合并后的结果如图4.11（c）所示，图4.12（d）是第三批数据也添加到全局后的结果。

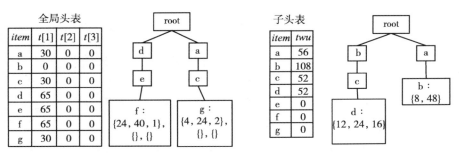

（a）第一批数据添加到UT-Tree后的结果　　　　　（d）第二批数据创建的TN-Tree

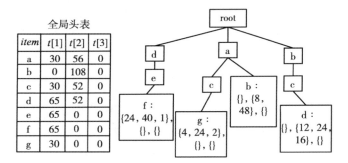

（c）第二批数据合并到UT-Tree后的结果

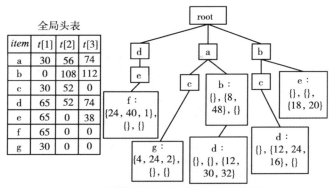

（d）第三批数据合并到UT-Tree后的结果

图4.11　UT-Tree的构建

当每批数据添加到 UT-Tree 上的时候，将每批数据在 UT-Tree 上的尾节点保存到尾节点表 TNTable 中，TNTable 分别包含 UT-Tree 上每批数据对应的尾节点；并将每批数据中各项的 *twu* 值保存到全局头表的 $t[1]$、$t[2]$ 和 $t[3]$ 中，如图 4.11（d）所示；另外，还需要将每批数据中总的事务效用值保存到一个全局 *twu* 表中。

4. 更新 UT-Tree

当一棵 UT-Tree 上已经包含了一个窗口数据，再新来一批数据的时候，需要将最老一批数据从全局树上删除，然后将新来的事务添加到这棵 UT-Tree 上。

（1）从全局树上删除最老批数据。通过尾节点表 TNTable 找到最老批次数据的所有尾部节点，对每个尾节点做如下处理：

①将尾节点上对应批的效用值清空；

②如果该尾节点上所有批的效用值都为空，同时该尾节点没有孩子，则将该节点到根节点的路径上没有与其他路径共享的节点删除；

③同时将已被处理过的尾节点从表 TNTable 中删除，留下位置存储新数据的尾节点。

例如将第一批数据从图 4.11（d）的树上删除，通过尾节点表可以找到两个尾节点，将尾节点上效用值清空后，路径 root-d-e-f 和 root-a-c-g 上都没有与其他路径共享节点，则直接将这两条路径从树上删除，删除后如图 4.12（a）所示。

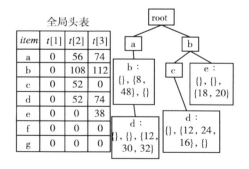

（a）从UT-Tree上删除
第一批数据后的结果

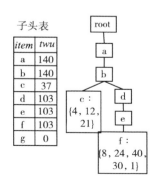

（b）第四批数据对应的TN-Tree

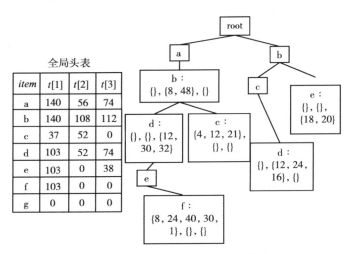

全局头表

item	t[1]	t[2]	t[3]
a	140	56	74
b	140	108	112
c	37	52	0
d	103	52	74
e	103	0	38
f	103	0	0
g	0	0	0

（c）第四批数据添加到UT-Tree后的结果

图4.12　删除老数据和更新新数据的过程

（2）将新数据更新到全局树上。每新来一批数据的处理方法与第二批及第三批数据的处理方法相同。首先将新数据建一棵TN-Tree，然后将这棵树合并到UT-Tree上，同时将尾节点存储到尾节点表中。例如表4.12（b）是表4.8中第四批数据所创建的TN-Tree，然后将新建TN-Tree合并到4.12（a）所示的UT-Tree上，合并后如图4.12（c）所示。

5. 从全局树上挖掘高效用模式的算法

从全局树UT-Tree上挖掘高效用模式的算法如图4.13所示。

算法中的第1行是给全局树T上的每个叶子节点附加一个数值列表Utility_cache，该列表中元素为该节点上每批数据的效用值列表（如图4.13（c）中尾节点上的三个{}，其中列表为空说明相应批数据中的效用值都是0）中相应元素的和。例如，在图4.12（c）的树上，每个叶子节点都增加了一个列表Utility_cache后如图4.14（a）所示。

算法中的第3行是创建一个头表H，H中的项和全局头表中的项对应，并且顺序也相同；扫描一遍树，将同一项的所有节点都放在头表H对应项的$link$中。

Procedure: **Mining**(*T*, *GH*, *min_ut*)
Input: A UT-Tree *T*, a global header table *GH*. a minimum utility threshold *min_ut*.
Output: HUIs (high utility itemsets)
(1) Add an attached list (*Utility_cache*) to each leaf node on *T*;
(2) Calculate the minimum utility value *min_uti*;
(3) Create a header table *H* for the tree *T*;
(4) **For each** item *Q1* in *H* **do**
(5)   Calculate the *twu* value of the item *Q1* from *Utility_cache* to *twu_a*;
(6)   Calculate the utility value of the item *Q1* from *Utility_cache* to *uti_a*;
(7)   **If**(*twu_a* ≥ *min_uti*)
(8)   Generate a itemset *X* = {*Q1*};
(9)   **If**(*utility_a* ≥ *min_uti*)
(10)   Copy *X* into HUIs;
(11)   **End if**
(12)   Create a sub header table *H_x* for *X*;
(13)   Create a sub TN-Tree *T_x* for *X*;
(14)   **Call SubMining**(*T_x*, *H_x*, *X*)
(15)   **End if**
(16)   Pass the corresponding *Utility_cache* to parents of each node *Q1* on *T*;
(17) **End for**

SubProcedure **SubaMining** (*T_x*, *H_x*, *X*)
(18) **For each** item *Q2* in *H_x* **do**
(19)   Calculate the *twu* value of itemset *X* ∪ {*Q2*} from *Utility_cache* to *twu_a*;
(20)   Calculate the utility value of itemset *X* ∪ {*Q2*} from *Utility_cache* to *uti_a*;
(21)   **If** (*twu_a* ≥ *min_uti*) **then**
(22)   Generate a itemset *Y* = *X* ∪ {*Q2*};
(23)   **If** (*uti_a* ≥ *min_uti*) **then**
(24)   Copy *Y* into HUIs;
(25)   **End if**
(26)   Create a sub header table *H_y* for *Y*;
(27)   Create a sub TN-Tree *T_y* for *Y*;
(28)   **SubMining** (*T_y*, *H_y*, *Y*);
(29)   **End if**
(30)   Pass the corresponding *Utility_cache* to parents of each node *Q2* on *T_x*;
(31) **End for**

图 4.13 从 UDS-Tree 上挖掘高效用模式算法

算法中第 4~17 行是从头表 *H* 中最后一项开始,依次处理头表中每一项。第 5 行和第 6 行分别是计算头表 *H* 中当前处理项的 *twu* 值和效用值(假设当前处理项为头表中最后一项),计算的详细方法同 4.2.2 节头表中项的新 *twu* 值计算方法，从头表的当前处理项的 *link* 中可以得到全局树上对应的多个节点，并且每个节点上都有 Utility_cache（如果当前处理项是最后一项，则该项对应的节点都是叶子节点；如果不是最后一项，算法的第 16 行中，每处理完一个节点，都会将 Utility_cache 传递给父节点，因此当前处理的每个节点上都会有 Utility_cache），项的 *twu* 值就等于当前项的所有节点上 Utility_cache 所有值的和；每个 Utility_cache 上最后一个值是当前处理节点的效用值，因此当前处理项的所有节点上 Utility_cache 中最后一个值的和就是当前处理项的效用值。如果当前处理项的效用值不小于最小效用值，则该项就是一个高效用模式（长度为 1 的项集）。如果该项的 *twu* 值不小于阈值，则可以创建子头表和子树（算法中的第 12 行和第 13 行）。

子头表的创建（图 4.13 算法中第 12 行和第 26 行）：这里子头表的创建同 4.2 节中的子头表的创建，只是这里需要从尾节点上的 Utility_cache 读取各项的效用值。例如处理头表（图 4.14（a））中的 e，在处理该项之前，Utility_cache 列表将被逐层地从叶子节点上传到父节点上，如图 4.14（b）所示，树上有两个节点 e，路径 root-a-b-d-e 上的各项的 *twu* 值为节点 e 上 Utility_cache 列表中所有值的和，即 102（= 8+24+40+30）；同样得到路径 root-b-e 上各项的 *twu* 值，即 38；统计所有项在这两个路径上的 *twu* 值的和，将 *twu* 值的和不小于最小效用值的项保存到一个头表中，并按 *twu* 值从大到小排序。如图 4.14（c）中的头表就是项集 {e} 的子头表；图 4.14（e）中的头表就是项集 {d} 的子头表。当处理头表（图 4.14（e））中的项 b 的时候，得到了项集 {db} 的子头表，如图 4.14（f）中的头表所示。

子树 TN-Tree 的创建（算法中第 13 行和第 27 行）：子树 TN-Tree 的创建同 4.2 节中子树的创建，需要再次读取一遍所有的路径（和创建子树扫描的路径相同）和节点上的 Utility_cache。例如，从图 4.14（b）树上的路径 root-a-b-d-e 中得到项集 {abd}，删除不在子头表（图 4.16（c）中的头表）的项，就得到项集 {b}，将该项集添加到一棵树上，同时从节点 e（图 4.14（b））上得到项 b 和 e 的效用值分别为 24 和 30，将 30 作为基效用值累加到子树新的尾节点基效用值上，将 24 累加到尾节点的项效用列表的对应元素值上；从图 4.14（b）树上的路径 root-b-e 得到项集 {b}，和上一路径上的项集做相同的处理，最后得到如图4.14（c）中的树，尾节点上的"50"是基效用值，其是从两个路径上读取项e的效用值的和（30+20），节点上列表"{42}"是子树路径上节点b的效用值。图4.14（c）中的树就是项集{e}对应的子树；图4.14（e）中的树就是项集{d}对应的子树；当处理头表（图4.14（e））中项b的时候，得到了项集{db}的子树，如图4.14（f）中的树所示。

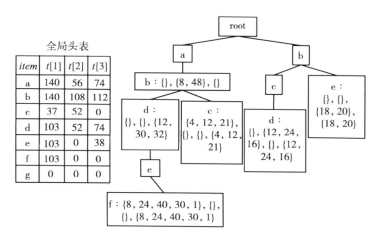

（a）每个叶子节点上增加一个Utility_cache

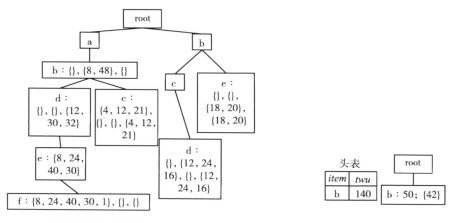

（b）将f节点上的Utility_cache
传递到父节点

（c）项集{e}的子TN-Tree

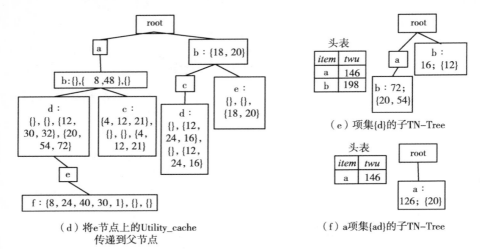

（d）将e节点上的Utility_cache传递到父节点

（e）项集{d}的子TN-Tree

（f）a项集{ad}的子TN-Tree

图4.14 从UT-Tree上挖掘高效用模式的过程

算法中第14行是对子头表和子树进行处理。对子头表和子树的处理方法同对树UT-Tree的处理方法，详见算法中的第18~31行，其中19行和20行中计算项集新的*twu*值和效用值的详细方法同4.2节算法。

算法中第16行和第30行分别将当前处理的所有节点上的效用信息传递给父节点。传递之前，首先将当前处理节点的效用信息删除，然后将修改后的效用信息传递给父节点。如果父节点上不包含效用信息，直接上传给父节点；否则就要将效用信息累加到父节点的效用信息上，例如，图4.14（d）是节点e上效用值传递给父节点后的结果。

4.3.3 实验及结果分析

本节采用表4.1中三个数据集Retail、Connect和T10.I4.D100K进行了算法测试，将算法HUM-UT和算法HUPMS[140]进行对比，两个算法都是采用java编程语言实现。本节算法代码已上传网站，http: //code.google.com/p/ut-tree/downloa ds/list。

实验平台如下：Windows 7 operating system，4GB Memory（2.99G is used），Intel（R）Core（TM）i5-2300 CPU@2.80 GHz；Java heap size is 1.5GB。

算法HUM-UT和HUPMS都是精确算法，即都可以挖掘到所有的高效用模式，因此这里只对比两个算法的运行时间和消耗内存，分别采用不同的最小效用阈值、不同的窗口大小和批大小来对算法进行性能测试。

1. 不同最小效用阈值下的算法性能对比

在这个实验中，设定每个窗口包含3批数据，每批数据大小为1000，在每个窗口中都执行了一次高效用模式的挖掘，其中在数据集Retail上执行了6次高效用模式挖掘，在T10.I4.D100K上执行了8次；在Connect上执行了4次挖掘。

在数据集Retail和T10.I4.D100K上，两个算法所产生树的棵数以及HUPMS产生的候选项集的个数见表4.10。很显然，HUM-UT算法所产生树的棵数少于HUPMS算法，主要原因是HUPMS每次判断是否产生子树的时候，都是通过一个高估的twu值进行判断，而HUM-UT算法可以从树上得到一个实际的twu值，这个实际的twu值更容易小于最小效用值，只要小于最小效用值，就不需要再建子树，因此HUM-UT算法创建的子树的棵数会低于HUPMS算法。在数据集Connect上，最小效用阈值设为36%（该阈值下数据集中不包含高效用模式），HUPMS算法也发生了内存溢出，因此在该数据集上，只列出HUM-UT算法的实验结果，表4.11中列出了HUM-UT在不同阈值情况下产生树的棵数和高效用模式的个数。

从对表4.10和表4.11中的数据分析，也可以推出HUM-UT的时空性能都会优于HUPMS，正如图4.15~图4.17所示的结果。在图4.17中，当最小阈值由31%降低到30%的时候，由于数据集上包含的高效用模式增加的比较多（表4.11），这会导致创建树的棵数增加，因此挖掘的时间相应也增加比较快。

表4.10 Retail和T10.I4.D100K上产生的候选项集和树的个数

minUT (%)	Retail			T10.I4.D100K		
	HUPMS		HUM-UT	HUPMS		HUM-UT
	候选项集个数（个）	树棵数（棵）	树的棵数（棵）	候选项集个数（个）	树棵数（棵）	树的棵数（棵）
0.1	6485	6471	70	17473	17355	45
0.9	7827	7809	87	24436	24111	83
0.8	9723	9700	123	34215	33270	153
0.7	12610	12576	174	47808	46029	277
0.6	16887	16841	251	67987	66029	462
0.5	23269	23191	391	95610	93497	764

表 4.11　Connect 中的高效用模式个数和创建树的个数

minUT（%）	高效用模式个数（个）	树的棵数（棵）
36	0	2830
35	181	5226
34	2418	15096
33	14006	49455
32	56780	149792
31	181754	397273
30	493109	939006

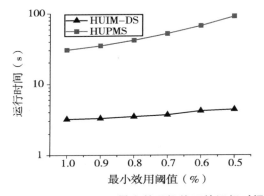

图 4.15　Retail 上不同最小效用阈值下的运行时间

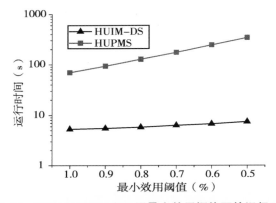

图 4.16　T10.I4.D100K 上不同最小效用阈值下的运行时间

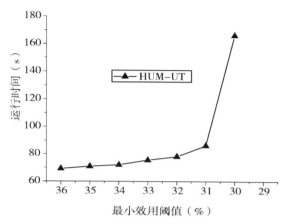

图4.17　Connect上不同最小效用阈值下的运行时间

2. 不同窗口大小下的算法性能对比

由于HUPMS算法在数据集Connect上的实验发生内存溢出，在窗口大小和批大小的实验中，没再用数据集Connect做实验，只在数据集Retail和T10.I4.D100K上进行了实验。

这里设定最小效用阈值为1.0%，每批数据为10000，窗口大小的测试范围为2~5。图4.18和图4.19是两个算法分别在两个数据集的运行时间对比。当窗口的大小每增加1时，测试数据集上的挖掘次数会减少1次，但是HUPMS算法一次挖掘的时间会增加较多，主要是因为它创建树的棵数和候选项集个数比较多；而HUM-UT算法一次挖掘的时间变化不是很大，因此随着窗口中数据批数的增加，HUPMS算法总的运行时间增加比较多，如图4.18和图4.19所示。

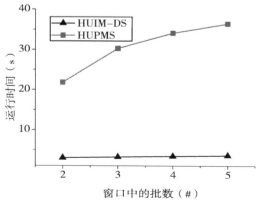

图4.18　Retail上不同窗口大小下的运行时间

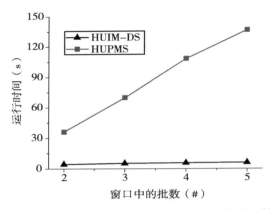

图4.19 T10.I4.D100K上不同窗口大小下的运行时间

3. 不同批大小下的算法性能对比

在这个实验中，设定最小效用阈值为1.0%，窗口大小为3批，批大小的测试范围为5000~25000。

图4.20和图4.21是两个算法分别在两个数据集上的运行时间对比，该实验测试的结果同以上实验，HUM-UT算法的时间性能仍然明显优于HUPMS算法。当每批数据中事务个数增加5000的时候，相当于滑动窗口向前移动速度增加了，因此在测试数据集上，总的挖掘次数降低也比较快，例如在数据集T10.I4.D100K上，当p=5000，共执行了18次高效用模式挖掘，当p=25000，共执行了2次高效用模式挖掘，所以导致总的运行时间会随着批大小的变大而减少，但是由于HUPMS算法创建树的棵数和候选项集个数比较多，因此HUM-UT算法明显优于HUPMS算法。

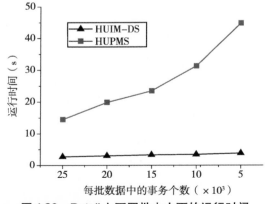

图4.20 Retail上不同批大小下的运行时间

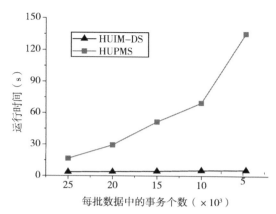

图 4.21　T10.I4.D100K 上不同批大小下的运行时间

从以上的实验中可以发现，不仅 HUM-UT 算法的时空性能明显优于 HUPMS 算法，并且 HUM-UT 算法的运行时间受测试参数影响比较小，性能比较稳定。

4.4 本章小结

本章首先介绍一个静态数据集上的高效用模式挖掘算法——TNT-HUI，该算法将事务项集及其效用信息压缩到一棵树上，同时树上包含了挖掘数据集上高效用模式的全部信息，因此该算法能采用模式增长方式直接挖掘到所有的高效用模式，不需要产生候选项集，也不需要通过枚举项集来挖掘高效用模式。实验结果表明，TNT-HUI 算法在不同的实验参数下都能取得较好的时空性能，在多个测试数据集上，算法的时间性能能提高 1~2 个数量级。

另外，本章还介绍一个数据流上的高效用模式挖掘算法——HUM-UT，该算法采用滑动窗口方法；同时也介绍一种树结构 UT-Tree 来维护数据流中当前窗口的数据。HUM-UT 算法避免了已有算法需要多次扫描数据集和产生候选项集的缺点，因此该算法在时间和空间效率上得到了较大的提高，特别在设定的最小效用阈值较低的情况下和稠密数据集上，本章的 HUM-UT 算法的性能更为突出。

第5章　大数据集上的频繁模式挖掘算法

5.1 引言

随着各行业数据量的快速积累，及云计算、云存储、大数据等技术的成熟和发展，基于大数据的挖掘技术成为目前数据挖掘中的研究焦点之一，目前主要是将传统的挖掘算法改进为相应的并行挖掘算法，而频繁模式挖掘算法的并行化又是多种挖掘计算的基础。

目前，大数据下频繁模式的并行挖掘算法主要是将 FP-Growth 和 Apriori 算法在 MapReduce 框架下并行化。然而，FP-Growth 的并行算法[142, 148]不能将数据按数据量大小均匀地分配到各个节点上处理，因此这也会影响到算法的时间效率；Apriori 并行算法[144-147, 149-151]主要采用多次 MapReduce 来统计每层候选项集的支持数，并且已存在算法多为产生大量值为 1 的键/值对，这些都影响算法的挖掘效率。

在前 3 章已完成相关工作[73, 165-167, 175-178, 187, 188]的基础上，本章以大数据上传统频繁模式挖掘为研究对象，介绍一个基于 MapReduce 架构的频繁模式挖掘算法 FIMMR（Frequent Itemsets Mining based on MapReduce），首先执行一次 MapReduce 来挖掘每个数据块的局部频繁模式；然后利用剪枝策略对局部频繁模式进行剪枝处理；最后再执行一次 MapReduce 来从局部频繁模式找出全局频繁模式。在实验中，发现多数情况下，FIMMR 算法只需要一次 MapReduce 就可以挖掘到所有的频繁模式，同时实验结果验证了该算法的时间效率显著高于已有的算法，在小支持度的条件下，时间效率可以提高约一个数量级。

5.2 相关定义

定义 5.1　一个数据集被划分为多个数据块时，一个数据块上包含的事务个数与最小支持度的乘积称为该数据块上的局部最小支持数。

定义 5.2   在一个数据块上，一个项集 X 出现的次数大于等于该数据块的局部最小支持数，则项集 X 称为该数据块上的局部频繁模式。

5.3 一种高效的基于 MapReduce 的频繁模式挖掘算法

算法 FIMMR 利用两次 MapReduce 进行频繁模式挖掘：通过一次 MapReduce 找到候选项集；第二次 MapReduce 扫描数据集，统计候选项集中不能确定是否频繁的项集的支持数。算法 FIMMR 流程如图 5.1 所示。

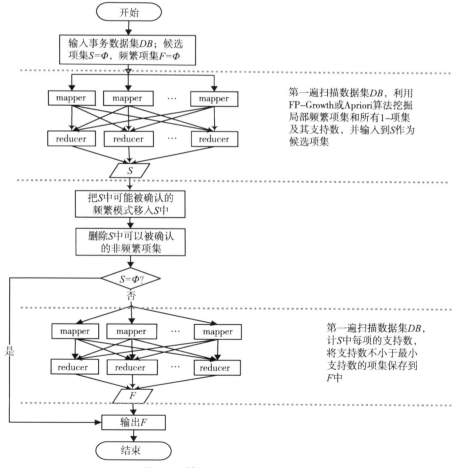

图 5.1   算法 FIMMR 的实现流程

第一次 MapReduce 的候选项集挖掘算法如图 5.2 所示。每个节点利用算法 FP-Growth 或 Apriori 进行局部频繁模式，其中挖掘局部频繁模式的时候，采用比全局最小支持阈值小的一个局部最小支持阈值 $\alpha \times minSup$。在 Mapper 阶段，返回每个频繁模式、频繁模式的支持数和频繁模式所在数据块的大小（图5.2算法中第8行）。在 Reduce 阶段，输出每个频繁模式总的支持数、包含该频繁模式所有数据块总的大小以及包含该频繁模式的数据块数（图5.2算法中第15行）。

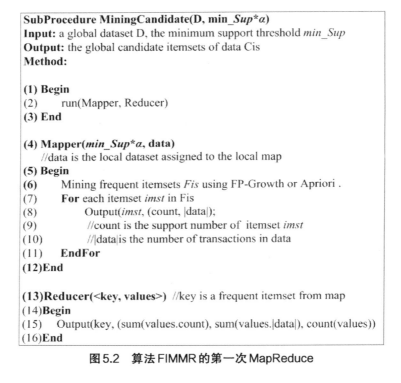

```
SubProcedure MiningCandidate(D, min_Sup*α)
Input: a global dataset D, the minimum support threshold min_Sup
Output: the global candidate itemsets of data Cis
Method:

(1) Begin
(2)     run(Mapper, Reducer)
(3) End

(4) Mapper(min_Sup*α, data)
        //data is the local dataset assigned to the local map
(5) Begin
(6)     Mining frequent itemsets Fis using FP-Growth or Apriori .
(7)     For each itemset imst in Fis
(8)         Output(imst, (count, |data|);
(9)         //count is the support number of itemset imst
(10)        //|data|is the number of transactions in data
(11)    EndFor
(12)End

(13)Reducer(<key, values>)  //key is a frequent itemset from map
(14)Begin
(15)    Output(key, (sum(values.count), sum(values.|data|), count(values))
(16)End
```

图5.2　算法FIMMR的第一次 MapReduce

在两次 MapReduce 中间，算法 FIMMR 要对第一次 MapReduce 返回的候选项集进行筛选，从中找出能被确认的频繁模式和能被确认的非频繁模式，可以将这两类模式从候选项集中删除。只要候选项集中项集总的支持数不小于全局最小支持数，根据频繁模式的定义，则该项集就是一个频繁模式。

候选项集中非频繁模式的判断条件如下：

（1）假设项集 X 在部分数据块 D_1，D_2，$\cdots$，D_j 上是频繁的，其支持数的和为 S_1；在数据块 D_{j+1}，D_{j+2}，$\cdots$，D_s 不是频繁模式，设在这些数据块上的支持数的和

为 S_2。当 $S1 + \sum_{i=j+1}^{s} min\_Sup * |D_i| - (s-j) < min\_Sup * |D|$，则项集 X 不是频繁模式。

（2）根据性质 2.1，可以对候选项集中每个（$k+1$）–项集（$k > 0$）进行判断（从 $k = 1$）：如果一个（$k+1$）–项集有一个 k –项子集不存在候选项集中，则该项集就一定也不会是频繁模式，因而可以利用性质 2.1 和第一次 MapReduce 中产生的频繁 1–项集迭代式地对候选（$k+1$）–项集进行筛选。

对候选项集筛选后，如果候选项集不为空，则执行第二次 MapReduce 来统计每个候选项集的支持数。第二次 MapReduce 的伪代码如图 5.3 所示。

```
SubProcedure IdentifyFrequentItemsets(D, min_sn, CIs)
Input: a global dataset D, the minimum support number min_sn,
the global candidate itemsets CIs
Output: the frequent itemsets FIs
Method:
(1) Begin
(2)     run(Mapper, Reducer)
(3) End

(4) Mapper(data, CIs)
//data is the local dataset assigned to the local map; CIs is all candidates.
(5)Begin
(6)        For each transaction itemset Ti in data
(7)            For each itemset cis in CIs
(8)                If cis is the subset of Ti
(9)                    cis.count++;
(10)               EndIf
(11)           EndFor
(12)       EndFor
(13)       For each itemset cis  in CIs
(14)           output(cis, cis.count)
(15)       EndFor
(16)End

(17)Reducer(key, values, min_sn)
//key and values come from mapper.
(18)Begin
(19)      sum=0;
(20)      For each value in values
(21)          sum+=value
(22)      EndFor
(23)      If sum>=min_sn
(24)          output(key, sum)
(25)      EndIf
(26)End
```

图 5.3   算法 FIMMR 的第二次 MapReduce

5.4 大数据集上的数据流频繁模式挖掘算法

本节介绍一种采用滑动窗口模型大数据下的数据流频繁模式挖掘算法 FIMMR-SW，该算法的流程图如图 5.4 所示。算法 FIMMR-SW 主要分为两步：首先找出每批数据的局部频繁模式；然后再从局部频繁模式中找出当前窗口中的全局频繁模式。

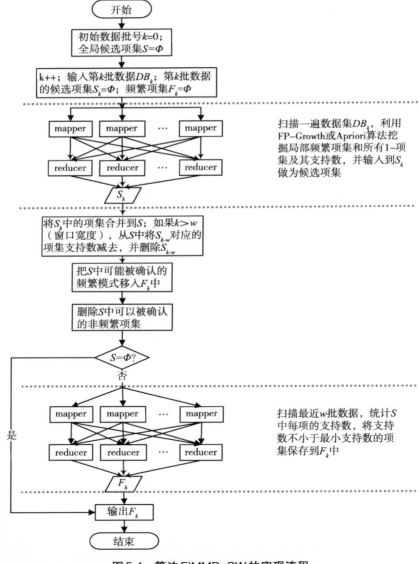

图 5.4　算法 FIMMR-SW 的实现流程

每新到一批数据，FIMMR-SW首先通过一次MapReduce找到每批数据中支持度不小于 $\alpha \times minSup$ 的所有模式（采用FIMMR中第一次MapReduce的算法找到局部频繁的所有模式），并将这些模式保存到对应批次中；当滑动窗口中数据已经满而再新来一批数据的时候，首先删除窗口中最老批次数据对应的局部频繁模式和最老批次的数据，同时挖掘新来数据中的局部频繁模式。

根据用户的需要，当需要从当前窗口中挖掘出频繁模式的时候，将当前窗口对应的每批局部频繁模式合并在一起组成候选项集，则采用FIMMR算法中处理候选项集的方法来筛选这里新产生的候选项集；如果经过筛选后的候选项集不为空，则采用FIMMR算法中第二次MapReduce的方法来统计候选项集中每项的支持数，从而确认候选项集中频繁模式。

5.5 算法分析

定理 5.1 将数据集 D 分成大小相当的 s 块数据，记 $D=\{D_1, D_2, \cdots, D_s\}$，数据集 D 的频繁模式记为 FI，每块数据集上局部频繁模式分别记为 FI_1，FI_2，$\cdots$，FI_s，则数据集 D 上的频繁模式是所有数据块上局部频繁模式集合的子集，即 $FI \subseteq FI_1 \cup FI_2 \cup \cdots \cup FI_s$。

证明：反证法。设项集 X 在第 i 块数据集上的支持数记为 SN_i^X，则项集 X 在 D 上支持数等于 $\sum_{i=1}^{s} SN_i^X$。如果项集 X 不是任一块数据集上局部频繁模式，则项集 X 在每个数据块上支持数都小于局部最小支持数，即：$X_i < minSup*|D_i|$（$i=1$，2，$\cdots$，s），所以 $\sum_{i=1}^{s} SN_i^X < \sum_{i=1}^{s} = minSup*|D_i| = minSup*\sum_{i=1}^{s}|D_i| = minSup*|D|$，因此非局部频繁的项集一定也不是频繁模式。

定理5.1保证了算法FIMMR中第一次MapReduce挖掘出的候选项集结果包含了所有的频繁模式，在第一次MapReduce中不会丢失频繁模式。

定理 5.2 项集 X 在部分数据块上的支持数的和大于等于最小支持数，则项集 X 就是一个频繁模式。

证明：显而易见，如果一个项集在一部分数据集上的支持数大于等于最小支持数，则该项集在全局数据集上的支持数一定也大于等于最小支持数，所以该项集一定是一个频繁模式。

定理 5.2 保证了算法 FIMMR 从候选项集中识别出的频繁模式是正确的。

定理 5.3　项集 X 在部分数据块 D_1，D_2，…，D_j 上是频繁的，设支持数之和为 $S1$；在其余数据块 D_{j+1}，D_{j+2}，…，D_s 不是频繁模式，设在这些数据块上的支持数之和为 $S2$。如果 $S1 + \sum_{i=j+1}^{s} minSup * |D_i| - (s-j) < minSup * |D|$，则项集 X 一定不会是频繁模式。

证明：因为项集 X 在数据块 D_{j+1}，D_{j+2}，…，D_s 上不是频繁模式，因此 X 在这些数据块上的支持数都小于每块数据的局部最小支持数，即 $S2 \leqslant (\alpha * minSup * |D_{j+1}| - 1) + (\alpha * min\_Sup * |D_{j+2}| - 1) + \cdots + (\alpha * min\_Sup * |D_s| - 1) = \sum_{i=j+1}^{s} \alpha * min\_Sup * |D_i| - (s-j)$。如果 $S1 + \sum_{i=j+1}^{s} \alpha * minSup * |D_i| - (s-j) < minSup * |D|$，则 $S1 + S2$ 一定小于最小支持数，因此项集 X 一定不是频繁模式。

定理 5.3 保证了算法 FIMMR 从候选项集中识别出的非频繁模式是正确的。

定理 5.1~定理 5.3 和性质 2.1 可以保证算法 FIMMR 挖掘结果的正确性。

5.6 实验及结果分析

由于 FIMMR-SW 是第一个大数据下的数据流模式挖掘算法，其核心算法仍然是 FIMMR，因此本节的实验主要是测试算法 FIMMR 的性能。为了验证新 FIMMR 算法的有效性，分别和算法 PFP[142]和基于 Apriori 的 k 次 MapReduce 算法 SPC[151]。这三个算法挖掘的频繁模式结果都是精确的，即相同条件下，三个算法挖掘的结果是相同的，因此本节主要对比三个算法在不同条件下的运行时间。本书实验中的所有算法都是采用 Python 实现。

实验平台使用 27 个节点组成的集群，其中包含 1 个主节点，1 个调度节点，1 个备份节点，24 个数据节点。每个节点的硬件配置为 2.5GHz 双核 CPU 及 8GB 内存，软件配置为 Ubuntu 12.04 及 Hadoop 0.22.0。

利用 IBM 数据生成器[1, 173]来产生两个数据，数据的特征见表 5.1。T 表示事务项集的平均长度；I 表示事务项集默认阈值下的频繁模式长度；D 表示数据集中事务个数。在本节的所有实验中，每个测试数据集都被划分为 24 个大小一样的小数据块。

表5.1 实验数据集特征

数据集	T	I	D
T20.I10.D10000K	20	10	10000000
T40.I20.D5000K	40	20	5000000

5.6.1 不同最小支持度下的运行时间对比

图5.5显示了三个算法在不同支持度的运行时间，从图5.5中，可以很容易看出算法FIMMR的时间效率明显高于PFP和SPC，这是因为随着支持度的降

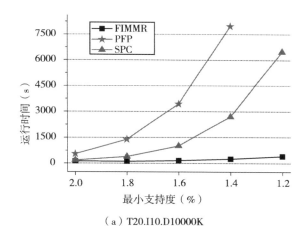

（a）T20.I10.D10000K

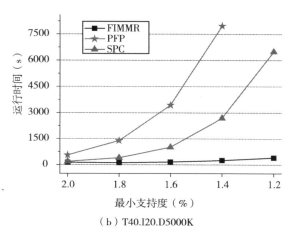

（b）T40.I20.D5000K

图5.5 不同最小支持度下的算法运行时间

低，频繁 1-项集的个数增加的比较快，从而 SPC 会产生过多的候选项集，PFP 中也会出现更多更长的子事务项集，因而随着最小支持度的降低，算法 SPC 和 PFP 的运行时间增加得比较快；而算法 FIMMR 第一次 MapReduce 产生了全局候选项集，通过候选项集的筛选，候选项集的个数减少了很多，并且在很多情况下，经过候选项集剪枝后，候选项集为空，因此算法 FIMMR 不需要第二次的 MapReduce 来统计候选项集的支持数，所以算法 FIMMR 的时间性能比较稳定。

5.6.2 不同数据量下的运行时间对比

图 5.6 是采用不同数据规模的数据集来测试 3 个算法的时间性能。当数据规模发生变化的时候，频繁 1-项集的个数变化不大，但是 SPC 匹配候选项集的事

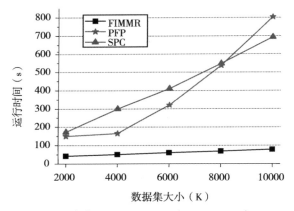

（a）T20.I10.D10000K（*minSup*=1.0%）

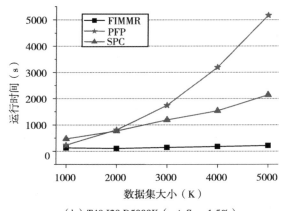

（b）T40.I20.D5000K（*minSup*=1.5%）

图 5.6　算法的可扩展性

务个数成增加较多，算法 PFP 会产生子事务项集的个数增加得比较快，因此算法 SPC 和 PFP 的运行时间基本上都是成倍地增加；而算法 FIMMR 在挖掘局部频繁模式的时候，它的运行时间会随着数据规模的增加而稍微地增加，并且在很多情况下，不需要第二次 MapReduce 来统计候选项集的支持数，因而算法 FIMMR 的时间性能比较稳定。

5.6.3 加速度对比实验

图 5.7 是三个算法在不同数据集上加速比实验结果。Old time 是指一个节点上的算法总运行时间；New time 分别指多个节点上的总运行时间；而加速度是指一个节点上总运行时间和多个节点上的总运行时间的比值。在图 5.7 的两个数据集上的实验，算法 FIMMR 和 SPC 的加速度和理想的加速度（Ideal）很接近，之所以不能达到理想的加速度，这是因为节点越多，节点之间的通信需要的时间也会越长，这会导致总的运行时间增加。而算法 PFP 不能将数据按大小均匀地分配到各个节点上执行，而它的运行时间总是和一个负担重的节点上的任务相关。综上，算法 FIMMR 和 SPC 的加速度比较理想。

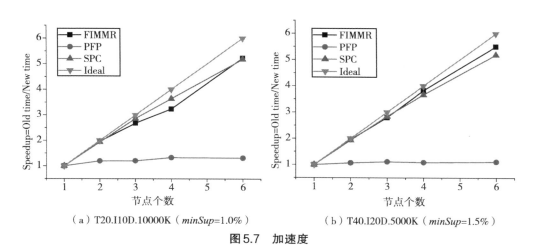

（a）T20.I10D.10000K（minSup=1.0%）　　（b）T40.I20D.5000K（minSup=1.5%）

图 5.7　加速度

5.7 本章小结

本章介绍一种大数据环境下的频繁模式挖掘算法 FIMMR 和候选项集剪枝策略，FIMMR 算法主要基于已有的频繁模式挖掘算法和 MapReduce 技术，首先并行挖掘出小数据块上的局部频繁模式，然后通过候选项集剪枝策略对候选项集进行筛选：将确定的频繁模式从候选项集中移到频繁模式集合中，将确定的非频繁模式从候选项集中删除；最后再执行一次 MapReduce 对剩余候选项集进行全局支持数统计。基于算法 FIMMR 和滑动窗口技术，还介绍了一种数据流上的频繁模式挖掘算法 FIMMR-SW。从本章的实验中可以发现，FIMMR 的候选项集剪枝策略可以很好地对候选项集进行筛选，在很多情况下，进行剪枝后，候选项集都为空，即不需要第二次执行 MapReduce。本章实验也很好地验证了FIMMR 算法的时间效率明显高于已有的算法 PFP 和 SPC，并且，当最小支持度比较低的情况下，算法的时间效率可以提高约一个数量级。

参考文献

［1］ Agrawal R，Srikant R. Fast algorithms for mining association rules in large databases[C]. International Conference on Very Large Data Bases （VLDB 1994），Santiago，Chile，1994：487.

［2］ Agrawal R，Imielinski T，Swami A. Mining association rules between sets of items in large databases[C]. 1993 ACM SIGMOD International Conference on Management of Data，Washington，DC，United States，1993：207-216.

［3］ Jong S P，Ming-Syan C，Yu P S. An effective hash-based algorithm for mining association rules[J]. SIGMOD Record. 1995，24（2）：175-186.

［4］ Cheung D W，Han J，Ng V T，et al. A fast distributed algorithm for mining association rules [C]. 4th International Conference on Parallel and Distributed Information Systems，1996：31-42.

［5］ Han J，Pei J，Yin Y. Mining frequent patterns without candidate generation[C]. ACM SIGMOD International Conference on Management of Data，Dallas，TX，United States，2000：1-12.

［6］ 陈安龙，唐常杰，陶宏才，等. 基于极大团和FP-Tree的挖掘关联规则的改进算法[J]. 软件学报，2004，15（8）：1198-1207.

［7］ 陈慧萍，王建东，叶飞跃，等. 基于FP-tree和支持度数组的最大频繁项集挖掘算法[J]. 系统工程与电子技术，2005，27（9）：1631-1635.

［8］ 郭宇红，童云海，唐世渭，等. 基于FP-Tree的反向频繁项集挖掘[J]. 软件学报，2008，19（2）：338-350.

［9］ 何波. 基于FP-tree的快速挖掘全局最大频繁项集算法[J]. 计算机集成制造系统，2011，17（7）：1547-1552.

［10］ 秦亮曦，苏永秀，刘永彬，等. 基于压缩FP-树和数组技术的频繁模式挖掘算法[J]. 计算机研究与发展，2008，45（z1）：244-249.

［11］ 申彦，宋顺林，朱玉全. 基于磁盘表存储FP-TREE的关联规则挖掘算法[J]. 计算机研究与发展，2012，49（06）：1313-1322.

［12］王黎明，赵辉. 基于FP树的全局最大频繁项集挖掘算法[J]. 计算机研究与发展，2007，44（3）：445-451.

［13］谢志强，朱孟杰，杨静. 基于FP-Tree的敏感性关联规则隐藏的研究[J]. 哈尔滨工程大学学报，2009，30（10）：1134-1140.

［14］杨君锐，黄威. 基于前缀树的数据流频繁模式挖掘算法[J]. 华中科技大学学报（自然科学版），2010，38（07）：107-110.

［15］易彤，徐宝文，吴方君. 一种基于FP树的挖掘关联规则的增量更新算法[J]. 计算机学报，2004，27（5）：703-710.

［16］于红，王秀坤，孟军. 用有序FP-tree挖掘最大频繁项集[J]. 控制与决策，2007，22（5）：520-524.

［17］张锦，马海兵，胡运发. 一种基于FP-Tree的频繁模式挖掘自适应算法[J]. 模式识别与人工智能，2005，18（6）：763-768.

［18］张玉芳，熊忠阳，彭燕，等. 基于FP-Tree含正负项目的频繁项集挖掘算法[J]. 模式识别与人工智能，2008，21（2）：246-253.

［19］El-hajj M，Zaïane O R. COFI-tree mining：a new approach to pattern growth with reduced candidacy generation[C]. IEEE International Conference on Frequent Itemset Mining Implementations，2003.

［20］Vo B，Hong T，Le B. DBV-Miner：A Dynamic Bit-Vector approach for fast mining frequent closed itemsets[J]. Expert Systems with Applications，2012，39（8）：7196-7206.

［21］Song M，Rajasekaran S. A transaction mapping algorithm for frequent itemsets mining[J]. IEEE Transactions on Knowledge and Data Engineering，2006，4（18）：472-481.

［22］Ye F Y，Wang J D，Shao B L. New algorithm for mining frequent itemsets in sparse database[C]. International Conference on Machine Learning and Cybernetics，Guangzhou，China，2005：1554-1558.

［23］Burdick D，Calimlim M，Flannick J，et al. MAFIA：A maximal frequent itemset algorithm [J]. IEEE Transactions on Knowledge and Data Engineering，2005，17（11）：1490-1504.

［24］Grahne G，Zhu J. Fast algorithms for frequent itemset mining using FP-trees[J]. IEEE Transactions on Knowledge and Data Engineering，2005，10（17）：1347-1362.

［25］Grahne G，Zhu J. High Performance mining of maximal frequent itemsets[C]. 6th SIAM International Workshop on High Performance Data Mining，2003：135-143.

［26］Pei J，Han J，Lu H，et al. H-mine：Hyper-structure mining of frequent patterns in large databases[C]. IEEE International Conference on Data Mining （ICDM 2001）, San Jose, CA, United States, 2001: 441-448.

[27] Agarwal R C, Aggarwal C C, Prasad V V V. Depth first generation of long patterns[C]. 6th ACM SIGKDD International Conference on Knowledge Discovery and Data Mining （KDD 2000）, 2000: 108-118.

[28] Pei J, Han J, Mao R. CLOSET: An efficient algorithm for mining frequent closed itemsets [C]. ACM SIGMOD Workshop on Research Issues in Data Mining and Knowledge Discovery, 2000: 21-30.

[29] Lin D I, Kedem Z M. Pincer search: A new algorithm for discovering the maximum frequent set[J]. IEEE Transactions on Knowledge and Data Engineering, 1998, 14 （3）: 553-566.

[30] Roberto J, Bayyardo, Jr. Efficiently mining long patterns from databases[C]. ACM SIGMOD international conference on Management of data, 1998: 85-93.

[31] Chandra B, Bhaskar S. A novel approach for finding frequent itemsets in data stream[J]. International Journal of Intelligent Systems, 2013, 28 （3）: 217-241.

[32] Nori F, Deypir M, Sadreddini M H. A sliding window based algorithm for frequent closed itemset mining over data streams[J]. Journal of Systems and Software, 2013, 86 （3）: 615-623.

[33] Berlingerio M, Pinelli F, Calabrese F. ABACUS: Frequent pattern mining-based community discovery in multidimensional networks[C]. Special Issues: ECML PKDD 2013 and ECML PKDD 2012, Van Godewijckstraat 30, Dordrecht, 3311 GZ, Netherlands, 2013: 294-320.

[34] Rodriguez-Gonzalez A Y, Martinez-Trinidad J F, Carrasco-Ochoa J A, et al. Mining frequent patterns and association rules using similarities[J]. Expert Systems with Applications, 2013, 40 （17）: 6823-6836.

[35] Cameron J J, Cuzzocrea A, Leung C K. Stream mining of frequent sets with limited memory [C]. 28th Annual ACM Symposium on Applied Computing （SAC 2013）, Coimbra, Portugal, 2013: 173-175.

[36] Zaki M J, Hsiao C J. CHARM: An efficient algorithm for closed itemset mining[C]. IEEE International Conference on Data Mining （ICDM 2002）, 2002: 457-473.

[37] Lee G, Yun U, Ryu K H. Sliding window based weighted maximal frequent pattern mining over data streams[J]. Expert Systems with Applications, 2013, 1.

[38] 曾涛, 唐常杰, 朱明放, 等. 基于人工免疫和基因表达式编程的多维复杂关联规则挖掘

方法[J]. 四川大学学报（工程科学版），2006，38（5）：136-142.

[39] 柴玉梅，张卓，王黎明. 基于频繁概念直乘分布的全局闭频繁项集挖掘算法[J]. 计算机学报，2012，35（05）：990-1001.

[40] 陈安龙，唐常杰，傅彦，等. 基于能量和频繁模式的数据流预测查询算法[J]. 软件学报，2008，19（6）：1413-1421.

[41] 陈耿，朱玉全，杨鹤标，等. 关联规则挖掘中若干关键技术的研究[J]. 计算机研究与发展，2005，42（10）：1785-1789.

[42] 陈慧萍，朱峰，王建东，等. 一种基于划分的带项目约束的频繁项集挖掘算法[J]. 系统工程与电子技术，2006，28（7）：1082-1086.

[43] 杜奕，卢德唐，李道伦，等. 时态约束下的频繁模式挖掘算法[J]. 模式识别与人工智能，2007，20（4）：538-544.

[44] 冯文峰，郭巧，吴素妍. 基于多层概要结构的数据流的频繁项集发现算法[J]. 北京理工大学学报，2006，26（6）：512-516.

[45] 高杰，李绍军，钱锋. 数据挖掘中关联规则算法的研究及应用[J]. 东南大学学报（自然科学版），2006，2006（S1）：128-131.

[46] 耿生玲，李永明，刘震. 关联规则挖掘的软集包含度方法[J]. 电子学报，2013，41（04）：804-809.

[47] 郭宇红，童云海，唐世渭，等. 带学习的同步隐私保护频繁模式挖掘[J]. 软件学报，2011，22（8）：1749-1760.

[48] 贺志，田盛丰，黄厚宽. 一种挖掘数值属性的二维优化关联规则方法[J]. 软件学报，2007，18（10）：2528-2537.

[49] 胡春玲，吴信东，胡学钢，等. 基于贝叶斯网络的频繁模式兴趣度计算及剪枝[J]. 软件学报，2011，22（12）：2934-2950.

[50] 黄名选，严小卫，张师超. 基于矩阵加权关联规则挖掘的伪相关反馈查询扩展[J]. 软件学报，2009，20（7）：1854-1865.

[51] 吉根林，韦素云，鲍培明. 一种基于DOM树的XML数据频繁模式挖掘算法[J]. 南京航空航天大学学报，2006，38（2）：206-211.

[52] 李杰，徐勇，王云峰，等. 面向个性化推荐的强关联规则挖掘[J]. 系统工程理论与实践，2009，29（8）：144-152.

[53] 刘大有，王生生，虞强源，等. 基于定性空间推理的多层空间关联规则挖掘算法[J]. 计算机研究与发展，2004，41（4）：565-570.

［54］刘君强，孙晓莹，王勋，等.挖掘最大频繁模式的新方法[J].计算机学报，2004，27（10）：1327-1334.

［55］陆建江，徐宝文，邹晓峰，等.模糊关联规则的并行挖掘算法[J].东南大学学报（自然科学版），2005，35（2）：165-170.

［56］马海兵，张锦，范颖杰，等.基于静态IS-树的频繁模式挖掘[J].模式识别与人工智能，2005，18（6）：664-669.

［57］马志新，陈晓云，王雪，等.最大频繁项集挖掘中搜索空间的剪枝策略[J].清华大学学报（自然科学版），2005，45（9）：1748-1752.

［58］毛宇星，陈彤兵，施伯乐.一种高效的多层和概化关联规则挖掘方法[J].软件学报，2011，22（12）：2965-2980.

［59］钱爱玲，瞿彬彬，卢炎生，等.多时间序列关联规则分析的论坛舆情趋势预测[J].南京航空航天大学学报，2012，44（06）：904-910.

［60］秦亮曦，史忠植.SFPMax——基于排序FP树的最大频繁模式挖掘算法[J].计算机研究与发展，2005，42（02）：217-223.

［61］邱江涛，唐常杰，乔少杰，等.基于加权频繁项集的文本分类规则挖掘[J].四川大学学报（工程科学版），2008，40（6）：110-114.

［62］荣冈，刘进锋，顾海杰.数据库中动态关联规则的挖掘[J].控制理论与应用，2007，24（1）：127-131.

［63］宋余庆，王立军，吕颖，等.基于分类树的高效关联规则挖掘算法[J].江苏大学学报（自然科学版），2006，27（1）：51-54.

［64］万里，廖建新，朱晓民，等.一种基于频繁模式的时间序列分类框架[J].电子与信息学报，2010，32（2）：261-266.

［65］颜跃进，李舟军，陈火旺.一种挖掘最大频繁项集的深度优先算法[J].计算机研究与发展，2005，42（3）：462-467.

［66］杨君锐，何洪德，杨莉，等.分布式全局最大频繁项集挖掘算法[J].中南大学学报（自然科学版），2012，43（09）：3517-3523.

［67］张玉芳，熊忠阳，彭燕，等.基于兴趣度含正负项目的关联规则挖掘方法[J].电子科技大学学报，2010，39（3）：407-411.

［68］朱玉全，宋余庆，杨鹤标，等.基于频繁模式树的关联分类规则挖掘算法[J].江苏大学学报（自然科学版），2006，27（3）：262-265.

［69］Wang S，Wang L. An implementation of FP-growth algorithm based on high level data structures of weka-JUNG framework[J]. Journal of Convergence Information Technology，2010，5（9）：1-8.

[70] 刘学军，徐宏炳，董逸生，等. 挖掘数据流中的频繁模式[J]. 计算机研究与发展，2005，42（12）：2192-2198.

[71] 张昕，李晓光，王大玲，等. 数据流中一种快速启发式频繁模式挖掘方法[J]. 软件学报，2005，16（12）：2099-2105.

[72] 宋威，李晋宏，徐章艳，等. 一种新的频繁项集精简表示方法及其挖掘算法的研究[J]. 计算机研究与发展，2010，47（2）：277-285.

[73] Feng L，Wang L，Jin B. Research on maximal frequent pattern outlier factor for online high-dimensional time-series outlier detection[J]. Journal of Convergence Information Technology，2010，5（10）：66-71.

[74] 童咏昕，马世龙，李钰. 一种有效压缩频繁模式挖掘的算法[J]. 北京航空航天大学学报，2009，35（5）：640-643.

[75] 敖富江，杜静，陈彬，等. 一种基于混合搜索的高效 Top-K 最频繁模式挖掘算法[J]. 国防科技大学学报，2009，31（2）：90-93.

[76] 陈晓云，胡运发. N 个最频繁项集挖掘算法[J]. 模式识别与人工智能，2007，20（4）：512-518.

[77] 朱颢东，李红婵. 关于 Top-N 最频繁项集挖掘的研究[J]. 电子科技大学学报，2010，39（5）：757-761，773.

[78] 董祥军，王淑静，宋瀚涛，等. 负关联规则的研究[J]. 北京理工大学学报，2004，24（11）：978-981.

[79] 马占欣，陆玉昌. 负关联规则挖掘中的频繁项集爆炸问题[J]. 清华大学学报（自然科学版），2007，47（7）：1212-1215.

[80] Rawat R，Jain N. A Survey on Frequent ItemSet Mining Over Data Stream[J]. International Journal of Electronics Communication and Computer Engineering （IJECCE），2013，4（1）：86-87.

[81] Karp R M，Shenker S，Papadimitriou C H. A Simple Algorithm for Finding Frequent Elements in Streams and Bags[J]. ACM Transactions on Database Systems，2003，28（1）：51-55.

[82] Li H，Lee S，Shan M. An efficient algorithm for mining frequent itemsets over the entire history of data streams[C]. First International Workshop on Knowledge Discovery in Data

Streams，2004.

［83］ Liu X，Guan J，Hu P. Mining frequent closed itemsets from a landmark window over online data streams[J]. Computers and Mathematics with Applications，2009，57（6）：927-936.

［84］ Manku G S，Motwani R. Approximate frequency counts over data streams[C]. 28th international conference on Very Large Data Bases（VLDB 2002），2002：346-357.

［85］ 杨蓓，黄厚宽. 挖掘数据流界标窗口 Top-K 频繁项集[J]. 计算机研究与发展，2010，47（03）：463-473.

［86］ Giannella C，Han J，Pei J，et al. Mining frequent patterns in data streams at multiple time granularities[J]. Next generation data mining，2003，（212）：191-212.

［87］ Cohen E，Strauss M J. Maintaining time-decaying stream aggregates[J]. Journal of Algorithms，2006，59（1）：19-36.

［88］ Chang J H，Lee W S. Finding recently frequent itemsets adaptively over online transactional data streams[J]. Information Systems，2006，31（8）：849-869.

［89］ 李海峰，章宁，朱建明，等. 时间敏感数据流上的频繁项集挖掘算法[J]. 计算机学报，2012，35（11）：2283-2293.

［90］ 吴枫，仲妍，吴泉源. 基于时间衰减模型的数据流频繁模式挖掘[J]. 自动化学报，2010，36（05）：674-684.

［91］ Chang J H，Lee W S. estWin：Online data stream mining of recent frequent itemsets by sliding window method[J]. Journal of Information Science，2005，31（2）：76-90.

［92］ Leung C K S，Khan Q I. DSTree：A tree structure for the mining of frequent sets from data streams[C]. IEEE International Conference on Data Mining（ICDM 2007），Hong Kong，China，2007：928-932.

［93］ Leung C，Brajczuk D. Efficient Mining of Frequent Itemsets from Data Streams[J]. Sharing Data，Information and Knowledge，2008：2-14.

［94］ Chi Y，Wang H，Yu P S，et al. Moment：Maintaining closed frequent itemsets over a stream sliding window[C]. 4th IEEE International Conference on Data Mining（ICDM 2004），Brighton，United Kingdom，2004：59-66.

［95］ Tanbeer S K，Ahmed C F，Jeong B，et al. Sliding window-based frequent pattern mining over data streams[J]. Information Sciences，2009，179（22）：3843-3865.

［96］ Deypir M，Sadreddini M H. Eclat：An efficient sliding window based frequent pattern mining method for data streams[J]. Intelligent Data Analysis，2011，15（4）：571-587.

［97］张君维，杨静，张健沛，等.基于滑动窗口的敏感关联规则隐藏[J].吉林大学学报（工学版），2013，2013（01）：172-178.

［98］毛伊敏，李宏，杨路明，等.基于滑动窗口的数据流最大频繁项集的挖掘[J].高技术通讯，2010，20（11）：1142-1148.

［99］李国徽，陈辉.挖掘数据流任意滑动时间窗口内频繁模式[J].软件学报，2008，19（10）：2585-2596.

［100］刘学军，徐宏炳，董逸生，等.基于滑动窗口的数据流闭合频繁模式的挖掘[J].计算机研究与发展，2006，43（10）：1738-1743.

［101］Prasad Sistla A，Wolfson O，Chamberlain S，et al. Querying the uncertain position of moving objects [J]. In Temporal Databases：Research and Practice，Spring Verlag，1998：310-337.

［102］Khoussainova N，Balazinska M，Suciu D. Towards correcting input data errors probabilistically using integrity constraints[C]. MobiDE 2006：5th ACM International Workshop on Data Engineering for Wireless and Mobile Access，Chicago，IL，United states，2006：43-50.

［103］De Carvalho J V，Ruiz D D. Discovering frequent itemsets on uncertain data：A systematic review[C]. 9th International Conference on International Conference on Machine Learning and Data Mining （MLDM 2013），New York，NY，United states，2013：390-404.

［104］Leung C K S，Cuzzocrea A，Fan J. Discovering Frequent Patterns from Uncertain Data Streams with Time-Fading and Landmark Models[C]. Transactions on Large-Scale Data-and Knowledge-Centered Systems VIII，Springer Berlin Heidelberg，2013：174-196.

［105］Leung C K，Tanbeer S K. PUF-Tree：A Compact Tree Structure for Frequent Pattern Mining of Uncertain Data[C]. Advances in Knowledge Discovery and Data Mining，Springer Berlin Heidelberg，2013：13-25.

［106］Liu C，Chen L，Zhang C. Summarizing probabilistic frequent patterns：a fast approach [C]. 19th ACM SIGKDD international conference on Knowledge discovery and data mining （KDD 2013），2013：527-535.

［107］Peterson E A，Tang P. Mining probabilistic generalized frequent itemsets in uncertain databases[C]. 51st ACM Southeast Conference （ACMSE 2013），Savannah，GA，United states，2013：1.

［108］Ying-Ho L，Chun-Sheng W. Constrained frequent pattern mining on univariate uncertain data[J]. Journal of Systems and Software，2013，86（3）：759-778.

［109］ Lin C W, Hong T P. A new mining approach for uncertain databases using CUFP trees[J]. Expert Systems with Applications, 2012, 39 (4): 4084-4093.

［110］ Liu Y. Mining frequent patterns from univariate uncertain data[J]. Data and Knowledge Engineering, 2012, 71 (1): 47-68.

［111］ Sun X, Lim L, Wang S. An approximation algorithm of mining frequent itemsets from uncertain dataset[J]. International Journal of Advancements in Computing Technology, 2012, 4 (3): 42-49.

［112］ 廖国琼, 吴凌琴, 万常选. 基于概率衰减窗口模型的不确定数据流频繁模式挖掘[J]. 计算机研究与发展, 2012, 49 (05): 1105-1115.

［113］ Leung C K, Jiang F. Frequent itemset mining of uncertain data streams using the damped window model[C]. 26th Annual ACM Symposium on Applied Computing (SAC 2011), TaiChung, Taiwan, 2011: 950-955.

［114］ Leung C K, Jiang F. Frequent pattern mining from time-fading streams of uncertain data[C]. 13th International Conference on Data Warehousing and Knowledge Discovery (DaWaK 2011), Toulouse, France, 2011: 252-264.

［115］ Wang L, Cheung D W, Cheng R, et al. Efficient Mining of Frequent Itemsets on Large Uncertain Databases[J]. IEEE Transactions on Knowledge and Data Engineering, 2011, 99 (PrePrints): 1.

［116］ 刘殿雷, 刘玉葆, 陈程. 不确定性数据流上频繁项集挖掘的有效算法[J]. 计算机研究与发展, 2011, 2011 (S3): 1-7.

［117］ Calders T, Garboni C, Goethals B. Approximation of frequentness probability of itemsets in uncertain data[C]. IEEE International Conference on Data Mining (ICDM 2010), Sydney, NSW, Australia, 2010: 749-754.

［118］ Aggarwal C C, Yu P S. A survey of uncertain data algorithms and applications[J]. IEEE Transactions on Knowledge and Data Engineering, 2009, 21 (5): 609-623.

［119］ Leung C K, Hao B. Mining of frequent itemsets from streams of uncertain data[C]. International Conference on Data Engineering, Shanghai, China, 2009: 1663-1670.

［120］ Leung C K, Mateo M A F, Brajczuk D A. A tree-based approach for frequent pattern mining from uncertain data[C]. 12th Pacific-Asia Conference on Knowledge Discovery and Data Mining (PAKDD 2008), Osaka, Japan, 2008: 653-661.

［121］ Chui C, Kao B, Hung E. Mining frequent itemsets from uncertain data[C]. 11th Pacific-

Asia Conference on Knowledge Discovery and Data Mining （PAKDD 2007），Nanjing，China，2007：47-58.

[122] Leung C K，Carmichael C L，Hao B. Efficient mining of frequent patterns from uncertain data[C]. IEEE International Conference on Data Mining Workshops （ICDM Workshops 2007），Omaha，NE，United States，2007：489-494.

[123] 王爽，王国仁. 面向不确定感知数据的频繁项查询算法[J]. 计算机学报，2013，36（03）：571-581.

[124] 王爽，王国仁. 基于滑动窗口的 Top-K 概率频繁项查询算法研究[J]. 计算机研究与发展，2012，49（10）：2189-2197.

[125] Aggarwal C C，Li Y，Wang J，et al. Frequent pattern mining with uncertain data[C]. 15th ACM SIGKDD International Conference on Knowledge Discovery and Data Mining （KDD 2009），Paris，France，2009：29-37.

[126] Yao H，Hamilton H J，Butz G J. A foundational approach to mining itemset utilities from databases[C]. 4th SIAM International Conference on Data Mining （ICDM 2004），Lake Buena Vista，FL，United states，2004：482-486.

[127] Yao H，Hamilton H J. Mining itemset utilities from transaction databases[J]. Data and Knowledge Engineering，2006，59（3）：603-626.

[128] Liu Y，Liao W K，Choudhary A. A two-phase algorithm for fast discovery of high utility itemsets[C]. 9th Pacific-Asia conference on Advances in Knowledge Discovery and Data Mining，Hanoi，Viet nam，2005：689-695.

[129] Li H，Huang H，Chen Y，et al. Fast and memory efficient mining of high utility itemsets in data streams[C]. 8th IEEE International Conference on Data Mining （ICDM 2008 ），2008：881-886.

[130] Tseng V S，Shie B，Wu C，et al. Efficient Algorithms for Mining High Utility Itemsets from Transactional Databases[J]. IEEE Transactions on Knowledge and Data Engineering，2013，25（8）：1772-1786.

[131] Tseng V S，Wu C W，Shie B E，et al. UP-Growth：An efficient algorithm for high utility itemset mining[C]. ACM SIGKDD International Conference on Knowledge Discovery and Data Mining （KDD 2010），Washington，DC，United States，2010：253-262.

[132] Ahmed C F，Tanbeer S K，Jeong B S，et al. Efficient Tree Structures for High Utility Pattern Mining in Incremental Databases[J]. IEEE Transactions on Knowledge and Data Engi-

neering，2009，21（12）：1708-1721.

［133］ Liu M，Qu J. Mining high utility itemsets without candidate generation[C]. 21st ACM International Conference on Information and Knowledge Management （CIKM 2012），Maui，HI，United States，2012：55-64.

［134］ Lin C W，Hong T P，Lu W H. An effective tree structure for mining high utility itemsets [J]. Expert Systems with Applications，2011，38（6）：7419-7424.

［135］ Li Y C，Yeh J S，Chang C C. Isolated items discarding strategy for discovering high utility itemsets[J]. Data and Knowledge Engineering，2008，64（1）：198-217.

［136］ Hu J Y，Silovic A M. High-utility pattern mining：A method for discovery of high-utility item sets[J]. Pattern Recognition，2007，40（11）：3317-3324.

［137］ Erwin A，Gopalan R P，Achuthan N R. CTU-mine：An efficient high utility itemset mining algorithm using the pattern growth approach[C]. 7th IEEE International Conference on Computer and Information Technology，2007：71-76.

［138］ Tseng V S，Chu C，Liang T. Efficient mining of temporal high utility itemsets from data streams[C]. 2nd International Workshop on Utility-Based Data Mining，2006.

［139］ Chu C，Tseng V S，Liang T. An efficient algorithm for mining temporal high utility itemsets from data streams[J]. Journal of Systems and Software，2008，81（7）：1105-1117.

［140］ Ahmed C F，Tanbeer S K，Jeong B. Efficient mining of high utility patterns over data streams with a sliding window method[C]. Software Engineering，Artificial Intelligence，Networking and Parallel/Distributed Computing 2010，Springer Berlin Heidelberg，2010：99-113.

［141］ Liu J，Wang K，Fung B. Direct Discovery of High Utility Itemsets without Candidate Generation[C]. 12th IEEE International Conference on Data Mining （ICDM 2012），2012：984-989.

［142］ Li H，Wang Y，Zhang D，et al. PFP：Parallel FP-growth for query recommendation[C]. 2nd ACM International Conference on Recommender Systems （RecSys 2008），Lausanne，Switzerland，2008：107-114.

［143］ 王洁，戴清灏，曾宇，等. 云制造环境下并行频繁模式增长算法优化[J]. 计算机集成制造系统，2012，18（09）：2124-2129.

［144］ Riondato M，DeBrabant J A，Fonseca R，et al. PARMA：A parallel randomized algorithm for approximate association rules mining in MapReduce[C]. 21st ACM International

Conference on Information and Knowledge Management （CIKM 2012），Maui，HI，United States，2012：85-94.

［145］李玲娟，张敏. 云计算环境下关联规则挖掘算法的研究[J]. 计算机技术与发展，2011，21（02）：43-46.

［146］黄立勤，柳燕煌. 基于 MapReduce 并行的 Apriori 算法改进研究[J]. 福州大学学报（自然科学版），2011，39（05）：680-685.

［147］Xiao T，Yuan C，Huang Y. PSON：A parallelized SON algorithm with MapReduce for mining frequent sets[C]. 4th International Symposium on Parallel Architectures，Algorithms and Programming （PAAP 2011），Tianjin，China，2011：252-257.

［148］Zhou L，Zhong Z，Chang J，et al. Balanced parallel FP-growth with mapreduce[C]. IEEE Youth Conference on Information，Computing and Telecommunications （YC-ICT 2010），Beijing，China，2010：243-246.

［149］Yang X Y，Liu Z，Fu Y. MapReduce as a programming model for association rules algorithm on Hadoop[C]. 3rd International Conference on Information Sciences and Interaction Sciences （ICIS 2010），Chengdu，China，2010：99-102.

［150］Cryans J，Ratte S，Champagne R. Adaptation of apriori to MapReduce to build a warehouse of relations between named entities across the web[C]. 2nd International Conference on Advances in Databases，Knowledge，and Data Applications （DBKDA 2010），Menuires，France，2010：185-189.

［151］Lin M，Lee P，Hsueh S. Apriori-based frequent itemset mining algorithms on MapReduce [C]. 6th International Conference on Ubiquitous Information Management and Communication，2012：76.

［152］Mooney C H，Roddick J F. Sequential pattern mining—approaches and algorithms[J]. ACM Computing Surveys （CSUR），2013，45（2）：19.

［153］Anwar F，Petrounias I，Morris T，et al. Mining anomalous events against frequent sequences in surveillance videos from commercial environments[J]. Expert Systems with Applications，2012，39（4）：4511-4531.

［154］Liao V C，Chen M. DFSP: a Depth-First SPelling algorithm for sequential pattern mining of biological sequences[J]. Knowledge and Information Systems，2013：1-17.

［155］Rao K S，Chandran K R. Mining of customer walking path sequence from RFID supermarket data[J]. Electronic Government，an International Journal，2013，10（1）：34-55.

［156］ Brauckhoff D，Dimitropoulos X，Wagner A，et al. Anomaly extraction in backbone networks using association rules[J]. IEEE/ACM Transactions on Networking（TON），2012，20（6）：1788-1799.

［157］ Karabatak M，Ince M C. An expert system for detection of breast cancer based on association rules and neural network[J]. Expert Systems with Applications，2009，36（2）：3465-3469.

［158］ Tajbakhsh A，Rahmati M，Mirzaei A. Intrusion detection using fuzzy association rules[J]. Applied Soft Computing，2009，9（2）：462-469.

［159］ Yoon K，Bae D. A pattern-based outlier detection method identifying abnormal attributes in software project data[J]. Information and Software Technology，2010，52（2）：137-151.

［160］ 李宏，李博，吴敏，等. 一种基于关联规则的多类标分类算法[J]. 控制与决策，2009，24（4）：574-578，582.

［161］ Nguyen L T，Vo B，Hong T，et al. Classification based on association rules：A lattice-based approach[J]. Expert Systems with Applications，2012，39（13）：11357-11366.

［162］ Zhang S J，Zhou Q. A Novel Efficient Classification Algorithm Based on Class Association Rules[J]. Applied Mechanics and Materials，2012，135：106-110.

［163］ Nguyen L T，Vo B，Hong T，et al. Classification based on association rules：A lattice-based approach[J]. Expert Systems with Applications，2012.

［164］ 延皓，张博，刘芳，等. 基于量值的频繁闭项集层次聚类算法[J]. 北京邮电大学学报，2011，34（06）：64-68.

［165］ Wang L，Feng L，Jin B. Sliding Window- based Frequent Itemsets Mining over Data Streams using Tail Pointer Table[J]. International Journal of Computational Intelligence Systems（Accept）.

［166］ 刘黎明，王水，王乐. 基于迭代事务集与交集剪枝的最大频繁项集挖掘算法[J]. 南开大学学报（自然科学版），2009，42（04）：97-102.

［167］ 王乐，王水，陈波，等. 交集剪枝法挖掘最大频繁项集[J]. 计算机工程与应用，2009，45（13）：156-159.

［168］ Koh J L，Shieh S F. An efficient approach for maintaining association rules based on adjusting FP- Tree structures [C]. Database Systems for Advanced Applications. Springer Berlin Heidelberg，2004：417-424.

［169］ Tanbeer S K，Ahmed C F，Jeong B S，et al. CP-tree：A tree structure for single-pass frequent pattern mining[C]. 12th Pacific-Asia conference on Advances in knowledge discovery and data mining, Osaka, Japan, 2008: 1022-1027.

［170］ Zhang Q, Li F, Yi K. Finding frequent items in probabilistic data[C]. ACM SIGMOD International Conference on Management of Data, Vancouver, BC, Canada, 2008: 819-831.

［171］ Sun L, Cheng R, Cheung D W, et al. Mining uncertain data with probabilistic guarantees [C]. ACM SIGKDD International Conference on Knowledge Discovery and Data Mining (KDD 2010), Washington, DC, United States, 2010: 273-282.

［172］ Bernecker T, Kriegel H P, Renz M, et al. Probabilistic frequent itemset mining in uncertain databases[C]. ACM SIGKDD International Conference on Knowledge Discovery and Data Mining (KDD 2009), Paris, France, 2009: 119-127.

［173］ IBM Data Generator [EB/OL]. [2011-06] http: //www.almaden.ibm.com/software/quest/Resources/index. shtml.

［174］ Goethals B. Frequent itemset mining dataset repository [EB/OL]. [2010-10] http://fimi.cs. helsink fi/date/.

［175］ Wang L, Feng L, Wu M. AT-Mine: An Efficient Algorithm of Frequent Itemset Mining on Uncertain Dataset[J]. Journal of Computers, 2013, 8 (6): 1417-1426.

［176］ Wang L, Feng L, Wu M. UDS-FIM: An efficient algorithm of frequent itemsets mining over uncertain transaction data streams[J]. Journal of Software (In Press), 2013.

［177］ Feng L, Wu M, Wang L. Top-K Highly Expected Weight-based Itemsets Mining over Uncertain Transaction Datasets[J]. Journal of Computational Information Systems (Accepted), 2012.

［178］ Wang L, Wang S, Feng L. High expected weight itemsets mining on uncertain transaction datasets[J]. International Journal of Advancements in Computing Technology, 2012, 4 (20): 625-632.

［179］ Lin C W, Hong T P, Lan G C, et al. Mining High Utility Itemsets Based on the Pre-large Concept.[C]. Advances in Intelligent Systems and Applications-Volume 1, Springer Berlin Heidelberg, 2013: 243-250.

［180］ Wu C W, Shie B, Tseng V S, et al. Mining top-K high utility itemsets[C]. 18th ACM SIGKDD international conference on Knowledge discovery and data mining (KDD 2012), 2012: 78-86.

［181］ Dwivedi V K. Disk-resident high utility pattern mining: a trie structure implementation [C].

2013 International Conference on Information Systems and Computer Networks （ISCON 2013）, Piscataway, NJ, USA, 2013: 44-49.

[182] Pillai J, Vyas O P, Muyeba M. HURI - A novel algorithm for mining high utility rare itemsets[C]. 2nd International Conference on Advances in Computing and Information Technology （ACITY 2012）, Chennai, India, 2013: 531-540.

[183] Lin C, Hong T, Lan G, et al. Incrementally mining high utility patterns based on pre-large concept[J]. Applied Intelligence, 2013: 1-15.

[184] Song W, Liu Y, Li J. Mining high utility itemsets by dynamically pruning the tree structure [J]. Applied Intelligence, 2013: 1-15.

[185] Pisharath J, Liu Y, Ozisikyilmaz B, et al. NU-MineBench Version 2.0 Scorce Code and Datasets [EB/OL]. [2011-07] http: //cucis.ece.northwestern.edu /projects/DMS/MineBench.html.

[186] Ye F Y, Wang J D, Shao B L. New algorithm for mining frequent itemsets in sparse database[C]. International Conference on Machine Learning and Cybernetics, Guangzhou, China, 2005: 1554-1558.

[187] Feng L, Wang L, Jin B. UT- Tree: Efficient mining of high utility itemsets from data streams[J]. Intelligent Data Analysis, 2013, 17 （4）: 585-602.

[188] Feng L, Jiang M, Wang L. An algorithm for mining high average utility itemsets based on tree structure[J]. Journal of Information and Computational Science, 2012, 9 （11）: 3189-3199.